体育场馆智能化

TIYU CHANGGUAN ZHINENGHUA

赵广　黄宏远　编著

U0304785

 中国地质大学出版社

ZHONGGUO DIZHI DAXUE CHUBANSHE

图书在版编目(CIP)数据

体育场馆智能化/赵广,黄宏远编著. —武汉:中国地质大学出版社,2018.4
(2019.1重印)
ISBN 978 - 7 - 5625 - 4244 - 5

Ⅰ.①体…
Ⅱ.①赵…②黄…
Ⅲ.①体育场-智能系统②体育馆-智能系统
Ⅳ.①TU245②G818

中国版本图书馆 CIP 数据核字(2018)第 059386 号

体育场馆智能化		赵广　黄宏远　编著
责任编辑:段连秀	策划编辑:段连秀	责任校对:张咏梅
出版发行:中国地质大学出版社(武汉市洪山区鲁磨路 388 号)		邮政编码:430074
电　　话:(027)67883511　　传真:67883580		E-mail:cbb@cug.edu.cn
经　　销:全国新华书店		http://cugp.cug.edu.cn
开本:787 毫米×960 毫米 1/16		字数:275 千字　　印张:14
版次:2018 年 4 月第 1 版		印次:2019 年 1 月第 2 次印刷
印刷:荆州鸿盛印务有限公司		印数:801—1 800 册
ISBN 978 - 7 - 5625 - 4244 - 5		定价:45.00 元

如有印装质量问题请与印刷厂联系调换

前　言

　　体育场馆智能化是体育场馆信息化、自动化、网络化的现代技术系统。从体育场馆发展的格局来看，智能化已成为今后发展的主流，也成为体育运动配套的综合实力和技术进步的象征。本着"教育要面向现代化，面向世界，面向未来"的指导思想，国内许多高校相继开设了各类智能化课程，其中"体育场馆智能化"是建筑类、电气类、自动化类、物业管理类的必修或选修课程。在我们的教学实践中，深感需要一本既有原理又有工程应用的体育类教材和教学参考书。从我国智能健身、楼宇智能化的成果和发展趋势来看，体育场馆智能化已成为现代化城市的标志。因此，众多高校把开好这门课程作为适应当今社会经济建设的重要任务。

　　为了适应教学需要，在本书编写中，编著者着重考虑给学生以智能化的基本知识，打好基础；同时也给以具体示例，指导学生对知识的实际应用，学会系统设计，体现科学性、系统性、实践性和培养性，做到理论与实践相结合、特殊与一般相结合、定性与定量相结合。本书从理论技术与工程实践相结合方面来阐述问题，取材典型设备、主流技术，给出普遍的分析方法；设计应用采用辩证的方法，强调注重设计质量，符合规范要求，切合实际需要，便于管理、使用和维修。在文字结构和取材上，突出重点，简明易懂，体现通俗性和可读性。

本书既可作为体育院校信息管理专业、场馆管理专业本科生及相关专业研究生教材，也可作为建筑、楼宇自动化、网络通信等相关领域的高等职业技术学院、成人教育学院的教材，或工程技术人员培训使用。本书适合于60～80学时的授课需要，如果课时紧张，也可根据大纲要求取舍。

　　本书在编写过程中，得到了武汉体育学院易名农教授的指导和帮助。本书由武汉体育学院校级教改项目"基于项目的《体育场馆智能化》课程立体式教学方法的研究与应用"（201708）支持，"互联网＋体育学科建设群"资助出版。编著者查阅了大量的国家标准，参考了许多学者、专家的论著和文献，借鉴了许多厂家的产品资料，对丰富本书的内容起到了很大作用。在此，一并表示最诚挚的感谢！

　　随着自动化技术、计算机技术、通信技术以及体育场馆经营管理技术的进步和不断发展，本书将体育场馆智能化的一些新技术和理念也融合其中。由于编著者的认识水平和专业水平有限，加之时间仓促，书中难免有不妥、疏忽和错误之处，敬请各位专家和读者多加指导和帮助。

编著者

2017 年 12 月

第一章 体育场馆智能化系统概述

智能建筑在中国国家标准中的定义为："它是通过优化建筑结构、系统管理、服务质量，建设一个具有安全、舒适、便利等特点的平台，同时包括有各种电气设备、办公环境、通信系统等配套设施。"体育场馆的智能化系统则是智能建筑的一部分，也具有采暖、通风等功能，并且具有建筑结构、电气设施等必要设备。通过智能化管理能够为竞技训练和比赛提供场地以及其他服务，包括信息服务、网络通信服务、显示服务等。

本章主要讲述什么是体育场馆智能化，它有哪些特点；介绍体育场馆智能化系统的组成、配置和选型原则。

第一节 体育场馆智能化概念与特点

一、体育场馆智能化系统的概念

为满足体育比赛、运动训练以及赛后利用对管理和服务的需要，在体育场馆建筑空间和设备的基础上，采用信息技术（电子技术、自控技术、通信技术、计算机技术）的产品和成果构建的大型复杂系统，称为体育场馆智能化系统（Gymnasium Intelligent System，GIS）。

体育场馆智能化系统是现代化大型体育馆的大脑和神经，是体育赛事顺利进行的重要保证。完备的 GIS 一方面可以使体育赛事更加公正、准确，使裁判员的工作效率大大提高；另一方面可提高体育比赛的观赏程度，增加体育场馆及体育比赛的社会效益。因此，研究大型体育馆的智能化系统对提高体育馆的现代化水平、承接大型国际比赛、提高体育比赛办赛能力和运动员的比赛成绩，以及满足观众的观赏要求都具有重要的意义。

二、体育场馆智能化系统的特点

(1)从满足运动员需求的角度来说,体育场馆智能化系统要检测排水,训练和室内比赛的适度,空气质量和比赛当天的风速,运动员的日常生活用水的消毒,休息地点空调设备的控制,夜晚比赛场所的照明控制等。

(2)从组织比赛的角度,要实时监测火警和一般民事案件,要具备现场记分和争议时再现比赛过程判定结果的能力,实时控制售票和验票过程,对特殊比赛进行直播时,要有扩声设备。

(3)从新闻报道的角度,要考虑直播和转播的需要,包括照明,评论员位置的设置等,要考虑新闻记者快速通过互联网发稿的要求,设立应急互联网上网机房,以防止信号屏蔽带来的不便。

(4)从满足现代观众观赛的需求,体育馆要有足够的席位、车位容纳观赛群众,大屏幕直播要满足各个方向的观众能够看到比赛细节。

三、体育场馆智能化系统的组成

体育场馆智能化系统一般包括智能化监控系统、通信网络系统、场馆专用系统、应用信息系统、办公自动化系统、机房和系统集成。如图1-1所示。

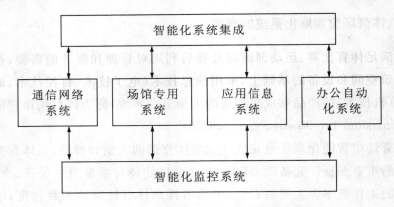

图1-1　体育场馆智能化系统组成

1.智能化监控系统

智能化监控系统采用分布式或集散式结构,对场馆内各类机电设备的运行状况、安全状况、能源使用状况等实行自动的监测、控制与综合管理,调节场馆内影响环境舒适性的温度、湿度、风速等指标,监控破坏环境安全性的恐怖、骚乱、火灾等因素,以保证体育比赛和其他活动的正常进行。同时,为场馆的经济运行和日常管理提供技术手段,达到场馆运营服务管理的要求。其中包括建筑设备监控系统、火灾自动报警及消防联动控制系统、安全防范系统、建筑设备集成管理系统。

2. 通信网络系统

通信网络系统通过为场馆内外信息的传输提供网络平台,以支持语音、数据、图像、控制信号和多媒体信息的接收、存贮、处理、交换、传送、播放,从而满足体育比赛和场馆管理中对各种信息的通信和广播的要求。其中包括综合布线系统、语音通信系统、计算机网络系统、有线电视系统、公共广播系统、电子会议系统。

3. 场馆专用系统

场馆专用系统区别于普通建筑的智能化系统,是体育场馆所特有的,为满足举行比赛、观看比赛、报道和转播比赛所必需的智能化系统。其中包括屏幕显示及控制系统、扩声及控制系统、场地照明及控制系统、计时记分及现场成绩处理系统、现场影像采集及回放系统、售验票系统、电视转播和现场评论系统、主计时时钟系统、升旗控制系统、比赛中央系统。

4. 应用信息系统

应用信息系统通过为体育赛事组织、场馆经营和运营服务管理业务提供应用服务数据库、信息集成平台和信息门户,提高信息的时效性,实现管理自动化,为管理者提供辅助决策支持,达到提高效率、节约资源和提高经济效益的目的。其中包括信息查询和发布系统、赛事综合管理系统、大型活动安全保障及应急指挥系统、场馆运营服务管理系统。

5. 办公自动化系统

办公自动化系统是应用电子计算机技术、通信技术、系统科学和行为科学等先进技术,使人们的办公业务借助于各种办公设备,并由这些办公设备与办公人员构成服务于某种办公目的的人机信息技术。应用这些技术,还可以完成各类经营性质的管理。

6. 机房

机房包括设备监控机房、消防监控机房、安防监控机房、赛事指挥中心、综合布线系统设备间、语音通信系统机房、信息网络系统机房、有线电视系统机房、公共广播系统机房、会议控制室、屏幕显示系统机房、扩声控制机房、场地灯光控制机房、比赛中央监控系统机房、计时记分及现场成绩处理系统机房、电视转播系统机房。

7. 系统集成

系统集成是将体育场馆智能建筑内不同功能的子系统通过系统集成的方式,在物理上和逻辑上连接在一起,以实现综合信息、资源共享和整体任务的完成。系统集成应能汇集体育场馆内各种有用的重要信息,把分散的各子系统的智能综合为整体的智能,通过同一个计算机平台,运用统一的人机界面环境,提高体育场馆的智能化程度并有效地增进综合协调和管理能力。体育场馆智能化系统的核心是系统集成。

第二节　体育场馆智能化系统的配置

《公共体育场馆建设标准系列-1》(体育场馆建设标准)将体育场馆的用途分为 4 个等级(表 1-1)。

表 1-1　体育场馆等级表

等级	主要使用要求
特级	举办奥运会、世界田径锦标赛、足球世界杯
甲级	举办全国性和其他国际比赛
乙级	举办地区性和全国单项比赛
丙级	举办地方性、群众性运动会

不同等级(规模)的场馆对建筑智能化系统的配置标准应符合表 1-2 中的规定。但对网球场、游泳馆、中小型(专项)体育馆,确实因竞赛项目的需要,可酌情提高档次。

表 1 - 2　各等级(规模)场馆建筑智能化系统配置的要求

智能化系统配置		场馆等级(规模)			
		特级	甲级	乙级	丙级
设备管理系统	建筑设备监控系统	√	√	√	○
	火灾自动报警及消防联动控制系统	√	√	√	√
	安全防范系统	√	√	√	√
	建筑设备集成管理系统	√	√	○	○
信息设施系统	综合布线系统	√	√	√	○
	语音通信系统	√	√	○	○
	信息网络系统	√	√	○	○
	有线电视系统	√	√	√	○
	公共广播系统	√	√	√	√
	电子会议系统	√	√	○	×
专用设施系统	信息显示及控制系统	√	√	○	×
	场地扩声系统	√	√	√	○
	场地照明及控制系统	√	√	√	○
	计时记分及现场成绩处理系统	√	√	○	×
	竞赛技术统计系统	√	√	○	×
	现场影像采集及回放系统	√	○	○	×
	售检票系统	√	√	○	×
	电视转播和现场评论系统	√	√	○	×
	标准时钟系统	√	√	○	×
	升旗控制系统	√	√	○	×
	比赛设备集成管理系统	√	√	○	×
信息应用系统	信息查询和发布系统	√	√	○	×
	赛事综合管理系统	√	√	○	×
	大型活动公共安全信息系统	√	√	○	×
	场馆运营服务管理系统	√	√	○	×

第三节 体育场馆智能化系统的选型原则

智能化系统占体育场馆总投资的比例较大。老体育场馆一般仅考虑扩音、显示等常规系统,约占总投资的 4%～5%。新体育场馆增加了设备监控、安防、记分、智能通信、机械控制等智能系统,占总投资的 8%～10%。

因此,智能化建设一方面需要满足现代体育比赛的要求,另一方面要求尽可能减少投入。为使设备尽可能为以后的经营管理服务并减少产业经营的压力,这两个矛盾在智能系统设计初期就必须进行合理取舍。为此,体育场馆技术的选型要遵循以下原则。

1. 建筑智能系统以适应未来科技及应用的发展为原则

在科学技术日新月异的今天,弱电系统,特别是智能化的楼宇自控管理系统能够长久保持一种方式使用是很困难的,因为人们对系统的要求不断提高,同时新的技术成果也在系统中不断提高、注入。解决已有系统与科技成果之间矛盾更客观的方法,就是要求楼宇自控管理系统必须有足够的弹性,能包容未来科技以及应用上的发展,达到短期投资、长期收益的目的。大型体育场馆工程所要求的楼宇管理系统必须考虑到可持续性、可发展性,这样才能保证投资人的利益,为此首先要求系统适应未来科技及应用上的发展作为主要原则来考虑。

2. 方案设计以提高使用者和管理者的工作效率为原则

尽管体育场馆的使用者会是不同的职能部门和不同的人群,但是归纳起来可以分为两大类,即使用者和管理者。

(1)为使用者提供的服务。体育场馆是人们运动、娱乐的场所,通过配置先进的、合理的、智能的楼宇管理自控系统,可以大大提高工作人员的工作效率和宾客的生活乐趣。工作效率的提高可以分为以下两个方面:一是提供现代化的办公条件和通信条件,因此要求在相应的设计区域架设配置计算机终端设备、网络设备布线系统、通信设备以及其他重要的办公设备(如传真机、扫描仪、复印机)。二是给来宾提供一个清新舒适的娱乐环境,这个正是通过场馆设备管理自控系统来实现的。

（2）为管理者提供的服务。在中央控制室通过电脑设备实现集中管理，大大减少了维修人员和操作人员，并能及时发现和处理设备出现的问题，可切实提高管理者的工作效率。

3. 技术选型以合理的投资成本和运营成本为原则

（1）具有丰富的节能节电手段。体育场内配置了大量的空调机组、排送风机组以及相配套的冷冻站设备和冷却塔设备，这些设备经常处于运行状态，不可避免地需要耗费大量的能源。建筑空间内还配置了大量的机电设备，如通风设备、给排水设备等设备的运行，同样可能导致电耗增大。另外，建筑内、外的照明、景观、动力用电系统在能源的消耗中也占有很高的比例。系统通过电脑控制程序和各种传感、执行设备对整个建筑的设备进行监视和控制，统一调配所有设备的用电量，可以实现用电负荷的最优化控制，在提供一个清新舒适环境的基础上，可以大幅度地节省电能，减少不必要的浪费。反之，如果把设备调整成始终按照最小的耗能方式运行时，又不能保证舒适又清新的娱乐环境，来宾及体育场馆工作人员往往会出现困倦、精神恍惚等"病态空调综合征"的体验，从而直接影响到体育场馆的销售业绩和来宾的娱乐心情。因此，采用楼宇自控管理系统可以在保证舒适环境和温度的前提下实现节约能耗，并可以通过清新舒适的场所环境条件激发工作人员的积极性。

（2）延长设备的使用寿命。在建筑内配置智能化的楼宇管理系统后，各种设备的运行状态始终处于系统的集中监视之下，系统可单独为各台设备建立运行档案，自动记录每台设备的运行状况，定期打印维护保养、修理通知单，输出各种设备运行统计报表，这样可以保证每台设备能按时维护保养修理，为设备管理提供基础数据，提高设备管理水平。同样，设备的运行寿命加长也直接或间接地减少规避设备发生灾难性故障和连锁反应的可能性，最大限度地降低了建筑的运行费用。

（3）选择开放式网络为基础的楼宇智能化系统。不但可以与其他的弱电系统有机地集成，还能与上层的管理系统有机地结合在一起，具备实现综合管理的功能。

什么是弱电系统

"弱电系统"是相对于"强电系统"而言的。所谓"强电""弱电",是国内工程界的一种泛指,最早由做"强电"系统的工程人员提出,属非正式术语。电力、输电、电气之类归为"强电";无线电、电子、仪表类归为"弱电"。从我们目前从事的行业来说,弱电系统是一个宽泛的概念,在国内常常把弱电系统看作是智能化系统或安防系统,其实是有区别的。

电力应用按照电力输送功率的强弱可以分为强电与弱电两类。建筑与建筑群用电一般指交流 220V/50Hz 及以上的强电。主要向人们提供电力能源,将电能转换为其他能源,例如空调用电、照明用电、动力用电等。智能建筑中的弱电主要有两类:一类是国家规定的安全电压等级及控制电压等低电压电能,有交流与直流之分(交流 36V 以下,直流 24V 以下),如 12V 直流控制电源,或应急照明灯备用电源;另一类是载有语音、图像、数据等信息的信息源,如电话、电视、计算机的信息。人们习惯把弱电方面的技术称为弱电技术。

可见,智能建筑中的弱电技术基本含义仍然是原来意义上的弱电技术,只不过随着现代弱电高新技术的迅速发展,智能建筑中的弱电技术越来越广泛,包含的子系统越来越多。强电系统中有弱电、弱电系统中有强电,互相穿插,没有强电的供应,弱电系统根本无法工作。故带电的系统不属于强电系统,那就属于弱电系统,如果既可属于强电系统又可属于弱电系统,就可以归入弱电系统中。

常见的弱电系统工作电压包括 24V AC(交流电)、16.5V AC、12V DC(直流电),有时候 220V AC 也算是弱电系统,比如某些型号的摄像机工作电压是 220V AC,就不能把它们归入强电系统。

习题一

1.什么是体育场馆智能化系统？

2.体育场馆智能化系统由哪些子系统组成？

3.举办全国性和地方性比赛的场馆智能化系统配置有什么要求？

4.简述体育场馆智能化系统的选型原则。

5.什么是弱电系统？

6.体育场馆智能化系统有哪些特点？

7.分析我校体育场馆智能化系统的配置。

第二章　智能化监控系统

第一节　计算机控制技术在体育场馆智能化监控中的应用

计算机控制技术是计算机技术与自动控制技术的结合,是构建体育场馆监控系统的关键技术。数字计算机具有强大的计算能力、逻辑判断能力和大容量存储信息的能力,因此计算机控制能够解决常规监控技术解决不了的难题,能达到常规控制技术达不到的优异能力。与采用模拟调节器的自动调节系统相比,计算机控制能够实现先进的控制策略,以保证控制的精度和性能。而且,其控制结构灵活,易于在线修改控制方案,性能价格比高,便于实现控制与管理的有机结合。

一、计算机控制系统的控制过程

自动控制的目的是控制某些物理量按照指定规律变化,因此需要采用负反馈构成闭环控制系统,根据被控参数测量值与期望值的偏差,采用一定的控制方法使执行机构动作,以消除偏差。传统的采用模拟调节器进行控制的反馈闭环控制系统如图 2-1 所示,测量元件对被控对象的被控参数进行测量,反馈给由模拟器组成的控制器,控制器将反馈信号与给定值相比较,如有偏差,控制器将产生控制量驱动执行机构动作,直至被控参数值满足预定要求为止。

将图 2-1 中的控制器和比较环节用计算机代替,则可构成计算机控制系统(图 2-2)。由于计算机的输入与输出信号都是数字信号,因此计算机控制系统还需要有 A/D 和 D/A 转换装置。

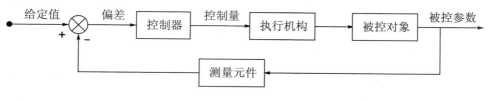

图 2-1 闭环控制系统

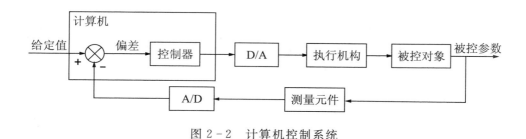

图 2-2 计算机控制系统

计算机控制系统的控制过程通常的工作流程如下：

(1)测量元件对被控参数的瞬时值进行检测,并通过 A/D 转换器输送给计算机。

(2)计算机对所采集到的表征被控参数的状态进行分析,按照内部存储的相关算法或控制规律决定控制过程,计算出控制量。

(3)计算输出的控制量通过 D/A 转换器传送给执行机构,使之执行相应的操作,对被控设备加以控制。

(4)上述过程不断重复,使整个系统能够按照一定的动态品质指标工作,并且对被控参数和设备本身出现的异常情况进行及时监督,同时迅速进行处理。

二、计算机控制系统的组成

典型的计算机控制系统由被控对象、自动化仪表(测量仪表、变送器、执行器)和控制器组成。

在常规控制系统中,被控对象的被控参数仅测量仪表检测,并由变送器转换成相应的标准电信号输入控制器。在控制器中,测量值与预先设定的给定值比较,两者的偏差送入控制电路,按照预定的控制规律,产生出相应的控制量。控制器产生的控制量输出到现场的执行机构,控制被控对象中的阀门、挡板等设备,以改变被控参数,使之向给定值靠近。

在计算机控制系统中,采用过程控制计算机取代典型常规过程控制系统中的控制器。由于计算机内接收、处理、存储和输出的是数字量,而被控对象的参数大多是模拟量和开关量,过程控制计算机的主机和被控对象之间增加了相应的信号转换装置(如 A/D、D/A 等)。

在计算机控制系统中,常规控制器的控制功能由过程控制计算机中的控制软件来完成,具有灵活、稳定、精确、功能强大等特点。为完成控制任务,计算机控制系统应包括硬件和软件两个部分。

(一)计算机控制系统的硬件组成

计算机控制系统的硬件部分主要包括计算机的主机、外围设备与人机联系设备、过程输入输出设备和通信设备等(图 2-3)所示。

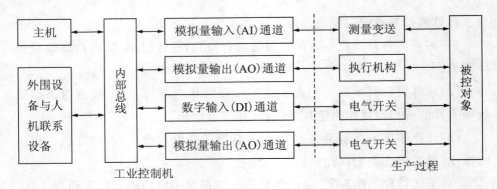

图 2-3 计算机控制系统硬件的组成

1.主机

主机由 CPU、存储器(ROM、RAM 等)及 I/O 接口电路组成。主机是计算机控制系统的核心,控制系统的控制策略及系统的监控功能在主机内实现。主机根据过程输入设备送来的、反映过程的实时信息,按照存储器中预先存入的控制算法和控制流程,自动进行信息处理与运算,及时选定相应的控制策略,并且通过过程输出设备向过程发出控制命令。

2.外围设备与人机联系设备

外围设备按其功能可分为输入设备、输出设备和外存储器。输入设备用来输入程序、数据或操作命令,如键盘、终端等。输出设备以字符、曲线、表格、画面等形式来反映生产过程、工作状况和控制信息,如打印机、绘图仪、CRT 显示器等。外存储器有磁盘、磁带等,兼有输入和输出两种功能,用来存放程序和数据,作为内存储器的后备存储设备。操作员与计算机之间的信息交换是通过人机联系设备进行的,如显示器、键盘、专用操作显示面板或操作显示台等。其作用主要是用来显示生产过程的状态,供操作员和工程师进行操作,并显示操作结果。

3.过程输入输出设备

过程输入输出设备是计算机与生产过程之间信息传递的纽带和桥梁。过程输入设备包括模拟量输入(Analogy Input,AI)通道和开关量/数字量输入(Digital Input,DI)通道。其中,AI 通道由多路采样开关、放大器、A/D 转换器和接口电路组成,它将模拟量信号(如温度、压力、流量等)转换成数字信号再输入给计算机;DI 通道包括光耦合器和接口电路等设备,它直接输入开关量或数字量信号(如设备启停状态、故障状态等)。过程输出设备包括模拟量输出(Analogy Output,AO)通道和开关量输出(Digital Output,DO)通道。其中,AO 通道由接口电路、D/A 转换器、放大器等组成,它将计算机计算出的控制量数字信号转换成模拟信号,然后再输出给执行机构(如电动机、电动阀门、电动风门等);DO 通道包括接口电路、光耦合器等设备,它直接输出开关量信号或数字量信号,用来控制设备的启停或故障报警等。过程输入输出设备还必须通过自动化仪表才能够和生产过程(或被控对象)发生联系,这些仪表包括信号测量变送单元(传感器、变送器)和信号驱动单元(执行机构等)。监控点的输入、输出特性是多种多样的,但也有一定的规律性,先将监控点示例列于表 2-1。

4.人机接口设备

人机接口设备是用户与计算机控制系统的接口设备,包括操作员站、工程师站、历史数据站、计算站等。

表 2 - 1　监控点示例

监控点	监控内容	监控点	监控内容
AI	温度	DI	运行状态
	相对湿度		故障报警
	压力		高低水位
	流量		过滤器堵塞
	电导率	DO	风机
	电流		水泵
	电压		照明
	功率		冷水机组
	功率因数		水阀
	频率		冷却塔开关
AO	水阀		风门
	蒸汽阀		……

5.通信设备

通信设备是控制系统的计算机之间、设备之间、计算机与设备之间的通信网络,包括通信网卡、数据传输媒介(双绞线、同轴电缆或光纤)等。用于实现不同地理位置、不同功能计算机或设备之间的信息交换。

(二)计算机控制系统的软件组成

楼宇自动化系统的核心就是软件平台,BAS、BMS 和 IBMS 都是靠各种管理软件实现各种各样的功能。常见的楼控系统管理软件包括:IBMS 系统软件(Intelligent Building Management Systems,智能化楼宇管理系统);BMS 系统软件(Building Management Systems,楼宇管理系统);组态软件;编程配置软件;本地编程配置软件;OPC 服务器和客户端;远程通告;能源管理。

不同厂家的软件功能是有所区别的,以下软件功能说明仅供参考。

1. IBMS/BMS 系统软件

IBMS/BMS 系统软件是楼宇自动化系统的基础软件,用于管理和控制各种设备。它不仅能够有效地集成辖区内的智能建筑设备、子系统,还能有效地整合办公自动化、网络自动化信息系统,实现各个子系统之间的互联、互操,实现建筑控制网络与办公信息网络一体化,解决好各类设备、各个子系统间的接口、协议、系统平台、应用软件之间的差异性,共同组成一个完整协调的集成系统,做到优化管理、控制、运行,便于维护,创造节能、高效、舒适、安全的建筑环境。

IBMS/BMS 系统软件多采用开放的标准化平台,遵循现有的工业标准,强调系统的开放性;系统内嵌对 LonWorks、BACnet 协议的支持,针对其他子系统采用 OPC 标准进行通信;支持 Windows、Linux、Unix 等多种操作系统。

IBMS/BMS 系统软件广泛采用主流和开放的技术标准和设计模式,提供开放的、平台级的应用编程接口和管理工具,使得系统在集成新的应用和采用新的运行平台时,具有良好的可扩展性(图 2-4)。

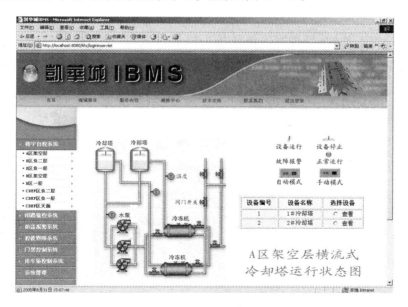

图 2-4　IBMS/BMS 软件界面

典型的 IBMS/BMS 系统软件提供以下功能：

基本功能	监视功能（图形、趋势、报警）
	控制功能（程序、命令、日程）
	管理功能（用户、设备、报警、报表、备份）
	支持 Web 客户访问
	支持多种通信接口
	服务器数据冗余
	短信寻呼管理
	时间计划表
附加功能	数据开放（OPC 技术、BACnet 支持、LonWorks 支持）
	远程通告
	历史数据管理
	能源管理
	系统集成，提供 OPC、BACnet 接口、LonWorks 接口
	设备、能源管理

2. 组态软件

通过组态软件，经授权的操作员可以通过直观、动态的彩色图形界面对建筑设备进行日常操作，远程用户可以通过 TCP/IP 监视和控制建筑设备。

组态软件提供如下功能：

显示组态	图形化配置和 DDC 运行状况
通信组态	可配置多种通信方式，同时运行协调工作
用户组态	支持分级、分区域、分操作的多种用户授权方式，权限管理完善
报警组态	支持用户定义的可分组的报警功能
报表组态	方便灵活地定义各种历史报表，支持自动打印
历史数据记录功能	支持 5 年以上的历史数据记录容量，支持手动备份，包括历史运行数据、报警记录、用户操作记录等
历史曲线显示功能	无需定义、一目了然
网络通信	支持多套软件互相通信，网络化操作

典型的组态软件界面如图2-5所示。

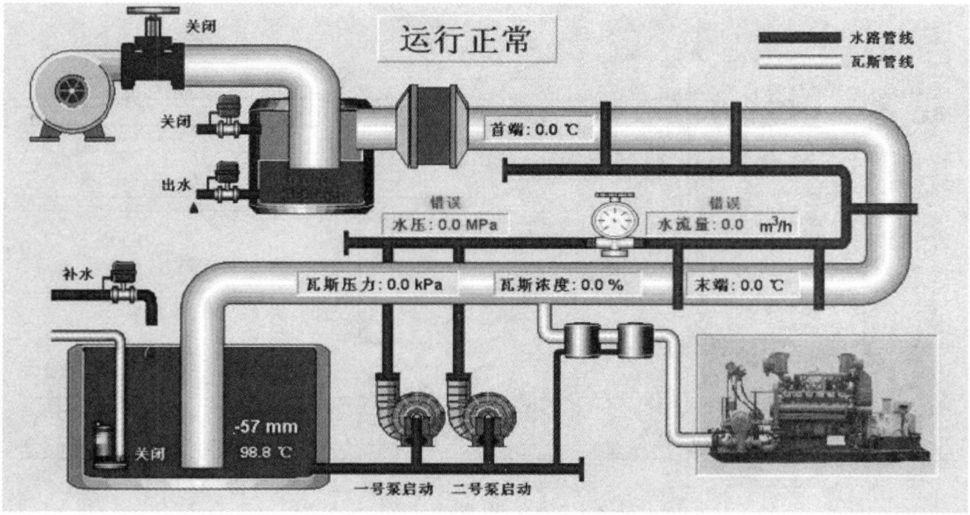

图2-5 组态软件界面

3.编程配置软件

编程配置软件主要功能包括：管理控制网络、现场实时数据和多个工作站的通信；用于操作站编程和配置系统网络；构建楼控通信网络；集中配置DDC通道属性、通信参数；远程下载控制程序；绑定网络变量；提供数据转发服务，可以通过网络同时和多台计算机通信；导出配置信息。

典型的编程配置软件界面如图2-6所示。

4.本地编程配置软件

通过本地现场配置软件工具，用户可以用手操器或笔记本电脑在现场操作和维护系统；当与现场控制设备连接时，工程师可以修改和下载控制程序。本地编程配置软件可以实现以下功能：用于笔记本电脑在现场编程和配置；发起DDC内部安装；监视DDC内部通信；现场配置DDC通道属性、通信参数；现场下载控制程序；记录宏命令，批量执行宏命令对DDC进行自动配置。

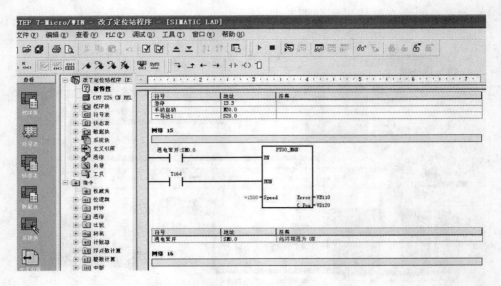

图 2-6 编程配置软件界面

5. OPG 服务器和客户端

基于 Windows 集成的构架,使用 OPC 组成 OPC 客户端,并在第三方工作站上组建 OPC 服务器。OPC 客户端和 OPC 服务器之间通过以太网协议 TCP/IP 实现通信。

6. 远程通告

远程通告允许将楼控系统软件警报和系统事件信息发布给各种不同的通告设备,如文字寻呼机、数字寻呼机、电子邮件和电话。

7. 能源管理

能源管理通过组织楼控系统的历史使用数据,以建立对楼宇内装有监测能量使用情况的细分测量设备的区域能量使用日常装载文件、消耗以及成本分配报告。

能源管理能够实现以下功能:宏观、微观水平上做出能量报告;存档、管理并查取大量数据信息的功能;按日期和能源种类分类生成日常耗用量清单;提供报告期内能量耗用的总额;跟踪能量消耗并附有年月日的工作情况信息;利用历史数据分析、诊断并优化设备运作;租户账单;预算跟踪。

三、计算机控制系统的分类

1. 直接数字控制系统

直接数字控制（Direct Digital Control，DDC）是指利用计算机的分时处理功能直接对多个控制回路实现多种形式控制的多功能数字控制系统。在这类系统中，计算机的输出直接作用于控制对象，故称直接数字控制。直接数字控制系统是一种闭环控制系统。在系统中，由一台计算机通过多点巡回检测装置对过程参数进行采样，并将采样值与存于存储器中的设定值进行比较，再根据两者的差值和相应于指定控制规律的控制算法进行分析和计算，以形成所要求的控制信息，然后将其传送给执行机构，用分时处理方式完成对多个单回路的各种控制。

直接数字控制系统具有在线实时控制、分时方式控制及灵活性和多功能性3个特点（表2-2）。

表 2-2　直接数字控制系统的特点

在线实时控制	在线控制指受控对象的全部操作（反馈信息检测和控制信息输出）都是在计算机直接参与下进行的，无需系统管理人员干预，又称联机控制。实时控制是指计算机对于外来信息的处理速度，足以保证在所容许的时间区间内完成对被控对象运动状态的检测和处理，并形成和实施相应的控制。一个在线系统不一定是实时系统，但是一个实时系统必定是在线系统
分时方式控制	直接数字控制系统是按分时方式进行控制的，即按照固定的采样周期时间对所有的被控制回路逐个进行采样，并依次计算和形成控制输出，以实现一个计算机对多个被控回路的控制。计算机对每个回路的操作分为采样、计算、输出3个步骤。为了增加控制回路（采样时间不变）或缩短采样周期（控制回路数一定），以满足实时性要求，通常将3个步骤在时间上交错地安排
灵活和多功能控制	直接数字控制系统的特点是具有很大的灵活性和多功能控制能力。系统中的计算机起着多回路数字调节器的作用，通过组织和编排各种应用程序，可以实现任意的控制算法和各种控制功能，具有很大的灵活性。直接数字控制系统所能完成的各种功能最后都集中到应用软件里

　　DDC 主要应用于楼宇自动化系统,也是楼宇自动化系统的核心硬件设备之一。其原理是通过模拟量输入通道(AI)和开关量输入通道(DI)采集实时数据,然后按照一定的规律进行计算,最后发出控制信号,并通过模拟量输出通道(AO)和开关量输出通道(DO)直接控制对象设备。

　　2.分散控制系统

　　分散控制系统(Distributed Control System,DCS)是用分布在各处的现场控制器控制,用中央计算机集中管理,即"集中管理,分散控制"。分散控制系统以多台微型计算机控制装置,即直接数字控制器(DDC),完成被控设备的实时监测、保护与控制任务;而中央管理计算机只完成系统的管理功能,其结构如图 2-7 所示。

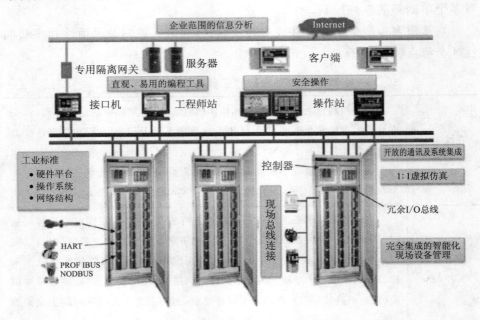

图 2-7　典型的 DCS 体系结构

　　这种系统的主要优点是:多台计算机分别实施不同的控制任务,任何一台计算机(包括中央管理计算机)发生故障,都不会影响其他设备的正常运行,大大缩小了故障或事故的影响范围,使风险分散,从而提高了整个系统的可靠性;系统中的硬件、软件都采取模块化设计,再配以容错技术,使系统可靠性大为增强;其控制算法丰富,控制功能齐全,从简单的位式控制到复杂的串级、自适应与模糊控制都能有效实现,能适应多种控制要求;硬件设备标准化、模块化,配置极为方便,增强了系统的可拓展性;系统设置了管理网、现场控制网,配置更加科学、合理,人机界面友好,便于更改设置及操作使用。因此,分散控制系统是新一代工业自动化控制的新模式,在楼宇自动化系统中不仅已得到了广泛应用,而且成为主流控制技术。

四、现场总线技术在体育场馆监控系统中的应用

信息技术的飞速发展,引起了自动化系统结构的变革,逐步形成以网络集成自动化系统为基础的企业信息系统,现场总线就是顺应这一形式发展起来的新技术。

现场总线技术将专用微处理器植入传统的测量控制仪表,使它们各自具有数字计算和通信能力,采用可进行简单连接的双绞线等作为总线,把多个测量控制仪表连接成的网络系统,并按公开、规范的通信协议,在位于现场的多个微型计算机化测量控制设备之间以及现场仪表与远程监控计算机之间,实现数据传输与信息交换,形成各种适应实际需要的自动控制系统。也就是说,现场总线技术把单个分散的测量控制设备变成网络节点,以现场总线为纽带,连接成可以来回沟通信息、共同完成自控任务的网络系统与控制系统。

现场总线技术给用户使用带来以下优点:①节省硬件成本;②设计组态安装调试简便;③系统的安全性、可靠性好;④减少故障停机时间;⑤用户对系统配置设备选型有最大的自主权;⑥系统维护、设备更换和系统扩充方便;⑦完善了企业信息系统,为实现企业综合自动化打下了基础。

1. 现场总线系统的组成

从物理结构来看,现场总线系统有两个主要组成部分:一是现场设备;二是形成系统的传输介质。现场设备由现场处理芯片以及外围电路构成。现场总线系统使用最多的传输介质是双绞线。

从现场总线结构考虑可划分为 4 层,即物理层、数据链路层、应用层和用户层。4 个层次的任务如下。

(1)物理层:物理层规定了传输媒介(铜导线、无线电、光纤)、传输速率、每条线路可接仪器数量、最大传输距离、电源,以及连接方式和信号类型等。

（2）数据链路层：数据链路层规定了物理层和应用层之间的接口，如数据结构、从总线上存取数据的规则、传输差错识别处理、噪声监测、多主站使用的规范等。现场总线网络存取有 3 种方式，即令牌传送、立即响应、申请令牌。

（3）应用层：应用层提供设备之间以及网络要求的数据服务，对现场过程控制进行支持，为用户提供一个简单的接口，定义如何读、写、解释和执行一条信息或命令。

（4）用户层：用户层是把数据规格化为特定的数据结构，其标准功能块有10 个，如 AI，AO，PID 等。各厂商必须用标准的输入、输出和基本参数，以保证现场仪表的互操作性。

2. 现场总线控制系统的特点

（1）增强现场信息集成能力。现场总线可从现场设备获取大量的丰富信息，能够更好地满足工厂自动化及 CIMS 系统的信息集成要求。现场总线是数字化通信网络，它不单纯是取代 4～20mA 信号，还可实现设备状态、故障、参数信息传送。系统除能完成远程控制外，还可完成远程参数化工作。

（2）开放式、互操作性、互换性、可集成性。不同厂家产品只要使用同一总线标准，就具有互操作性、互换性，因此设备具有很好的可集成性。系统为开放式，允许其他厂商将自己专长的控制技术，如控制算法、工艺流程、配方等集成到通用系统中去，因此，市场上将有许多面向行业特点的监控系统。

（3）系统可靠性高、可维护性好。基于现场总线的自动化监控系统采用总线连接方式替代一对一的 I/O 连线，对于大规模 I/O 系统来说，减少了由接线点造成的不可靠因素。同时，系统具有现场级设备的在线故障诊断、报警、记录功能，可完成现场设备的远程参数设定、修改等参数化工作，也增强了系统的可维护性。

（4）降低了系统及工程成本。对大范围、大规模 I/O 的分布式系统来说，省去了大量的电缆、I/O 模块及电缆敷设工程费用，降低了系统及工程成本。

3. 建筑设备自动化系统常用现场总线

（1）FF（Foundation Fieldbus），基金会现场总线。FF 是在过程自动化领域得到广泛支持和具有良好发展前景的技术。1994 年，由美国 Ficher -

Rosemount、Smar 等 120 多个成员合并成立了基金会现场总线,它覆盖了世界上著名的 DCS(直接控制器)与 PLC(可编程控制器)厂商,它以 ISO/OSI 开放系统互连模型为基础,取其 1、2、7 层(物理层、数据链路层和应用层)外,还增加了用户层作为通信模型。

基金会现场总线分低速 H1 和高速 H2 两种通信速率:H1 的传输速率为 31.25kbit/s,通信距离可达 1900m,H1 总线经网桥可直接连接高速以太网;H2 传输速率为 1Mbit/s 和 2.5Mbit/s,其通信距离可达 750m 和 500m。

将 FF 的功能应用于高速以太网(HSE)即为 FFHSE。

(2)LonWorks(LON 总线),现场总线技术。LonWorks 是由美国 Echelon公司推出,并由它与摩托罗拉、东芝公司共同倡导的总线技术。它采用 ISO/OSI 模型的全部 7 层通信协议,采用了面向对象的设计方法,通过网络变量把网络通信设计简化为参数设置,其通信速率从 300bit/s 至 1.5Mbit/s不等,直接通信距离可达 2700m。

LonWorks 技术所采用的 LonTalk 协议被封装在名为 Neuron 神经元芯片中而得以实现。

(3)PROFIBUS (Process Filed Bus),过程现场总线。PROFIBUS 由西门子公司为主的十几家德国公司共同推出,它采用了 ISO/OSI 模型的物理层、数据链路层和应用层 1、2、7 层,传输速率 9.6kbit/s 至 12Mbit/s,最大传输距离(为 12Mbit/s)100m,可用中继器延长至 10km,最多可挂接 127 个站点。

(4)CAN (Control Area Network),控制局域网现场总线。CAN 是由德国 BOSCH 公司推出,开始用于汽车内部测量与执行部件之间的数据通信。它广泛运用在离散控制领域,取 OSI 的物理层、数据链路层、应用层的通信模型。通信速率最高可达 1Mbit/s/40m,最远可达 10km/5kbit/s,可挂接设备数为 110 个。

CAN 的信号传输采用短帧结构(每帧的有效字节数为 8 个),受干扰的概率低。当节点严重错误时,具有自动关闭的功能,可以切断该节点与总线的联系,因此具有较强的抗干扰能力。

(5)BACnet,通信协议。BACnet 是 A Data Communication Protocol for Building Automation and Control Network 的缩写,是一种为楼宇自控网络制定的数据通信协议。1987 年,美国暖通空调工程师协会组织(ASHARE)

的标准项目委员会召集了全球 20 多位业内著名专家,经过 8 年半时间,在 1995 年 6 月正式通过全球首个楼宇自控行业通信标准 BACnet,标准编号为 ANSI/ASHARE Standardl35 - 1995;同年 12 月成为美国国家标准;并且还 得到欧盟委员会的承认,成为欧盟标准草案。

BACnet 是一个标准通信和数据交换协议。各厂家按照这一协议标准 开发与楼宇自控网兼容的控制器与接口,最终达到不同厂家生产的控制器都 可以相互交换数据,实现互操作性。换言之,它确立了在不必考虑生产厂家、 不依赖任何专用芯片组的情况下,各种兼容系统实现开放性与互操作性的基 本规则。目前世界上已有数百家国际知名的厂家支持 BACnet,其中包括楼 宇自控系统厂家、消防系统厂家、冷冻机厂家、配电照明系统厂家和安保系统 厂家等。

BACnet 采用了面向对象的技术,它定义了一组具有属性的对象 (Object) 来表示任意的楼宇自控设备的功能,从而提供了一种标准的表示楼 宇自控设备的方式。同时 BACnet 定义了 4 种服务语言来传递某些特定的 服务参数。目前 BACnet 共定义了 18 个对象、123 个属性和 35 个服务。由 于一个楼宇自控系统中并不是所有的设备都有必要支持 BACnet 所有的功 能,BACnet 协议还定义了 6 个性能级别和 13 个功能组。

BACnet 定义的 18 个对象见表 2 - 3。

表 2 - 3　BACnet 的 18 个对象

编号	对象名称	应用举例
01	模拟输入(Analog Input)	模拟传感器输入
02	模拟输出(Analog Output)	模拟控制量输出
03	模拟值(Analog Value)	模拟控制设备参数,如设备阀值
04	数字输入(Binary Input)	数字传感器输入
05	数字输出(Binary Output)	继电器输出
06	数字值(Binary Value)	数字控制系统参数
07	命令(Command)	向多设备、多对象写多值,如日期设置
08	日历表(Calendar)	程序定义的事件执行日期列表
09	时间表(Schedule)	周期操作时间表

续表 2－3

编号	对象名称	应用举例
10	事件登记(Event Enrollment)	描述错误状态事件,如输入值超界或报警事件
11	文件(File)	允许访问(读/写)设备支持的数据文件
12	组(Group)	提供单一操作下访问多对象、多属性
13	环(Loop)	提供访问一个"控制环"的标准化操作
14	多态输入(Multi-state Input)	表述多状态处理程序的状况,如制冷设备开、关和除霜循环
15	多态输出(Multi-state Output)	表述多状态处理程序的期望状态,如制冷设备开始冷却、除霜的时间
16	通知类(Notification Class)	包含一个设备列表,配合"事件登记"对象将报警报文发送给多设备
17	程序(Program)	允许设备应用程序开始和停止、装载和卸载,并报告程序当前状态
18	设备(Device)	其属性表示设备支持的对象和服务以及设备商和固件版本等信息

第二节 设备监控系统

楼宇设备监控系统又称建筑设备自动化系统(Building Automation System,BAS),它是体育场馆中应用计算机进行监控管理的重要设施。体育场馆中有大量的电气设备、空调暖通设备、给排水设备、电梯设备等机电设备。体育场馆设备监控系统利用计算机、网络通信技术、自动控制技术,对各种机电设备进行智能化管理,以达到舒适、安全、可靠、经济、节能的目的,为用户提供良好的工作和生活环境,并使系统中的各个设备处于最佳的运行状态。

一、建筑设备自动化系统的功能

建筑设备自动化系统以提供安全舒适的高质量工作环境和先进高效的现代化管理手段、节省人力、提高效率和节省能源为设计目的。其基本功能包括以下几个方面：

（1）自动监视并控制各种机电设备的启、停，显示或打印当前运行状态，如显示设备出现故障、控制备用设备投入等。

（2）自动检测、显示设备运行参数及其变化趋势或历史数据，如温度、湿度、压变、流量、电压、电流、用电量等。当参数超过正常范围时，自动实现越限报警。建筑设备自动化系统中，需要监测及控制的主要参数有：风量、水量、压力和压差、温度、湿度、气体浓度等；监测及控制这些参数的元件包括温度传感器、湿度传感器、压力和压差传感器、风量及水量传感器、执行器（包括电动执行器、气动执行器、电动风阀、电动水阀），以及各种控制器等。

（3）根据外界条件、环境因素、负载变化情况自动调节，使各种设备始终运行于最佳状态。例如，空调设备可根据环境变化和室内人数的变化自动进行调节，优化到既节约能源又感到舒适的最佳状态。

（4）检测并及时处理各种意外、突发事件。例如，监测到停电、煤气泄漏等偶然事件时，可按照预先编写的程序迅速进行处理，避免事态扩大。

（5）实现对大楼内各种机电设备的统一管理、协调控制。当火灾事故发生时，不仅消防系统立即自动启动，而且整个体育场馆内所有相关系统都将自动开启协同工作，供配电系统立即自动切断普通电源，但须确保消防用电；空调系统自动停止通风，启动排烟风机；电梯自动停止使用并将其降至底层，自动启动消防电梯；照明系统自动接通事故照明、避难诱导灯；有线广播系统自动转入紧急广播，指挥安全疏散等。整个 BAS 将自动实现一体化的协调运转，使火灾损失减少到最小。

（6）能源管理自动化。自动进行水、电、燃气等计量与收费；自动提供最佳能源控制方案，达到合理、经济地使用电源；自动监测控制设备用电量以实现节能，如下班后及节假日室内无人时，自动关闭空调机、照明等。

（7）根据建筑物的用途，还具有停车场管理、客房管理和建筑群管理等方面的功能。

二、常见设备的点表示意图

在楼宇自动化系统设计过程中，相对比较困难的就是获取各类设备的原理图和统计点表，以下给出一些常见设备、常见系统的原理图，因不同厂家不同型号的设备原理有所区别,因此所提供原理图仅供参考。表2-4是楼宇自动化系统中经常使用的一些设备的图例,对于理解原理图有很大的帮助。

表 2-4 常见的几种楼控设备图例

图例	说　明	图例	说　明
T	温度传感器	⋈	阀门(通用)
H	湿度传感器	⋈	球阀
TH	温湿度传感器	⫽	蝶阀
P	压力传感器	M	电磁执行机构
PT	压力/静压传感器		电动蝶阀
ΔP	压差传感器		调节型二通水阀
PdS	风压差开关		调节型风阀
FS	水流开关		离心风机
LS	液位开关		水泵
DPS	空气压差开关		

三、空调与通风系统监控

体育场馆的空气环境应能满足运动员对比赛和训练的要求,同时也为观众和工作人员提供舒适的观看和工作环境。为此,《体育建筑设计规范》对体育比赛大厅与辅助房间的空调设计做了相应的规定。表2-5和表2-6分别为比赛大厅空调设计参数和辅助房间室内设计温度的要求。

(一)体育场馆空调系统的组成

1. 采风部分

空调系统必须采用一部分室外的新鲜空气,即新风。新风的取入量主要由空调系统的服务用途和卫生要求来决定,新风的采入口和空调系统的新风管道及新风滤尘装置构成了系统的进风部分。

表 2-5　比赛大厅空调设计参数

房间名		夏季			冬季			最小新风量 (m³/h·人)
		温度 (℃)	相对湿度 (%)	气流速度 (m/s)	温度 (℃)	相对湿度 (%)	气流速度 (m/s)	
体育馆		26～28	55～65	≯0.5 ≯0.2①	16～18	≮30	≯0.5 ≯0.2①	15～20②
游泳馆	观众区 池区	26～29	60～70	≯0.5 ≯0.2③	22～24 26～28	≤60 60～70⑤	≯0.5 ≯0.2	15～20④

注:①指乒乓球、羽毛球比赛时的风速为建议值,乒乓球的高度范围取距地 3m 以下,羽毛球的高度取距地 9m 以下;②新风量按厅内不准吸烟计;③游泳馆池区气流速度主要是距地 2.4m 以内,跳水区包括运动员活动的所有空间在内;④乙级以上游泳馆的风量还应满足过渡季节排湿要求;⑤池区相对湿度≯75%。

表 2-6　辅助房间室内设计温度

序号	房间名称	室内设计温度(℃)	
		冬季	夏季①
1	运动员休息室	20	25～27
2	裁判员休息室	20	24～26
3	医务室	20	26～28
4	练习房	16	23～25
5	检录处	20	25～27
	一般项目体操	24	
6	观众休息室	16	26～28
7	一般库房、空调制冷机房	10	—

注:①指有空气调节的体育馆。

2. 空气的过滤部分

空调系统的新风进入空气处理装置,一般都要经过一次预过滤器,除去空气中较大的灰尘颗粒。这部分空气的净化处理到何种程度,由中央空调系统所能负担的工艺条件决定。一般的空调系统设有两级空气过滤器,即空气预过滤器和中效空气过滤器。

3. 空气的热湿处理部分

对空气进行加热、加湿和降温、去湿,将有关的处理过程组合在一起,称为空调系统的空气热湿处理部分。在对空气进行热、湿处理过程中,有采用表面式空气换热器(在表面式换热器内通过热水或水蒸气的称为表面式空气加热器,简称空气汽水加热器;在表面式换热器内通过低温冷水或制冷剂的称为水冷式表面冷却器和直接蒸发式表冷器),也有采用喷淋冷水或热水的喷水室,还有采用直接喷水蒸气的处理方法,以实现对空气的热、湿处理过程。

4. 空气的输送和分配、控制部分

空调系统中的风机和送、回风管道成为空气的输送部分,风道中的调节风阀、蝶阀、防火阀、启动阀和风口等,称为空气的分配、控制部分。风机是空调系统的主要噪声源,为了保证空调房间内的噪声达到要求的标准,常在空调系统的送、回风管道上安装消声器。有的空调系统设置一台风机,此风机既起送风作用,又起回风作用,此种系统称为单风机系统;有的空调系统设置两台风机,一台为送风机,一台为回风机,称为双风机系统。空调系统中的风机和风管一般都需要保温,防止能量的无益消耗。

5. 空调系统的冷热源

为了保证系统具有加热与冷却能力,必须具备冷源与热源两部分。空调系统的冷热源一般分为自然和人工两种。自然热源指地热或太阳能;人工热源是指用煤、石油或煤气作燃料的锅炉所产生的蒸汽和热水,是目前应用最为广泛的热源。

(二)体育场馆中央空调的工作原理

体育场馆中央空调系统由冷热源系统和新风系统组成。

1.冷热源系统

冷热系统可以进一步划分为冷源系统和热源系统。冷源系统为空气调节系统提供所需冷量,用以抵消体育场馆室内环境的冷负荷;热源系统为空气调节系统提供用以抵消室内环境热负荷的热量。

(1)冷源系统:通常为冷冻水,由制冷机(也称冷水机组)提供。空调系统使用最广泛的制冷机有压缩式和吸收式两种。制冷机的选择应根据体育场馆的用途、负荷大小和变化情况、制冷机的特性、电源和水源情况,以及初次建设投资、运行费用、维护保养等因素综合考虑。

冷源系统主要由制冷机、冷却水循环系统、冷冻水循环系统、风机盘管系统和散热水塔组成,其系统结构如图2-8所示。

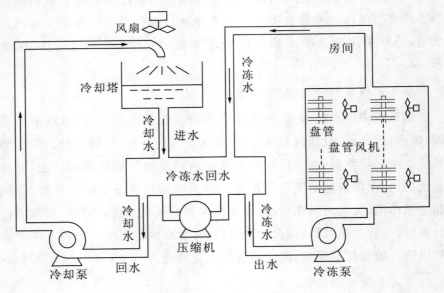

图2-8 冷源系统的结构

(2)热源系统:通常为蒸汽、热水和直燃机组。

蒸汽:在采用蒸汽做空调热源的系统中,以城市热网或工厂、小区和单位自建的蒸汽锅炉的高温蒸汽作为热源。作为热源的蒸汽通常是压力为0.2MPa以下的蒸汽。当蒸汽进入热交换器,放出潜热后冷凝成凝结水,凝结水回流到中间水箱,通过水泵送到蒸汽锅炉再加热,完成一次循环。

热水：在采用热水作为空调热源的系统中，通常由城市热网或工厂、小区和单位自建的热水锅炉提供高温热水。经换热器换热后，变成空调热水。使用热水比使用蒸汽安全，压力小，且传热比较稳定。

冷热水直燃机组：直燃吸收式热水机组是把锅炉与溴化锂吸收式冷水机组合二为一，通过燃气产生制冷、制热所需要的能量。直燃机组按功能，可以分为：单冷型、冷暖型和多功能型3种形式。

（3）冷热源系统的监测与自动控制的功能包括：基本参数测量、基本能量的调节、系统的全面调节与控制、基本数据的自动监测、自适应启停和故障报警等。

空调机组监控点表如表2-7所示。

表 2-7　空调机组监控点表

监控点	类型				器件
	AI	DI	AO	DO	
回风温度	1				温度传感器
房间温度	1				温度传感器
房间湿度	1				湿度传感器
房间静压、压差	2				静压、压差变换器
进风压力	1				气压传感器
新风风门控制			1		风门执行器
气滤压差报警		2			压差开关
冷水阀门控制			1		阀门执行器
热水阀门控制			1		阀门执行器
回风风门控制			2		风门执行器
电机控制		1		1	电机控制器

2.新风系统

新风系统是体育场馆提供新鲜空气的一种空气调节设备,按使用环境的要求起到恒温、恒湿或者单纯提供新鲜空气的功能。

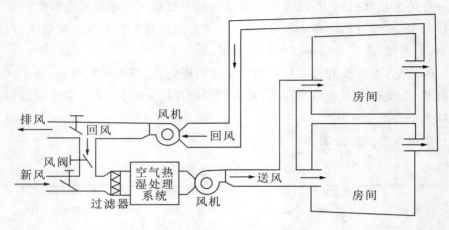

图 2-9　新风系统的构成

(1)新风系统的构成。新风系统由主机、风道、排风口及其他附件组成(图 2-9)。主机运转时,污浊空气通过排风口、排风道排至室外,将室外新鲜空气引入,在主机形成的压力场作用下,送至体育场馆内的活动区域,满足人员活动的需要。

新风系统是在密闭的室内一侧由专用设备向室内送新风,再从另一侧由专用设备向室外排出,从而满足室内新风换气的需要。在送风的同时,对进入室内的空气过滤、灭毒、杀菌、增氧和冬天时的预热。

(2)新风机组的控制内容。包括:送风温度控制、送风相对湿度控制、防冻控制、CO_2 浓度控制,以及各种连锁内容。如果新风机组要考虑承担室内负荷(如直流式机组),则还要控制室内温度(或室内相对湿度)。

(3)新风系统的监控。包括:时间程序自动启(停)送(排)风机,执行任意周期的实时控制功能;检测送(排)风机的运行状态、故障信号、手/自动状态,并累计运行时间;中央站彩色图形显示,记录各种参数,包括状态、报警、启停时间、累计运行时间及历史数据等。

新风机组监控点表如表 2-8 所示。

表 2-8　新风机组监控点表

监控点	类型				器件
	AI	DI	AO	DO	
室外温度	1				温度传感器
送风温度	1				温度传感器
一次加热温度	1				温度传感器
露点温度	1				温度传感器
进风风门控制			1		风门执行器
热水阀门控制			1		阀门执行器
冷水阀门控制			1		阀门执行器
蒸汽阀门控制			1		阀门执行器
电机控制		1		1	电机控制器
新风温度	1				温度传感器
新风湿度	1				湿度传感器
新风压力	1				压力传感器
气滤压差报警		2			压差开关

四、给排水系统监控

1. 给水系统

建筑给水方式指建筑内部给水系统的给水方案。给水方式必须依据用户对水质、水压和水量的要求,结合室内外管网所能提供的水质、水量和水压情况,卫生器具及消防设备在建筑物内部的分布,用户对供水安全可靠性的要求等因素。常见给水方式有以下几种。

(1)直接给水方式。建筑物内部只设有给水管道系统,不设增压及贮水设备,室内给水管道系统与室外供水管网直接相连,利用室外管网压力直接向室内给水系统供水。这是最为简单、经济的给水方式(图 2-10)。

直接给水方式适用于室外管网水量和水压充足、能够全天保证室内用户用水要求的地区。它的优点是给水系统简单,投资少,安装维修方便,充分利用室外管网水压,供水较为安全可靠。缺点是系统内部无贮备水量,当室外管网停水时,室内系统立即断水。

(2)高位水箱给水方式。建筑物内部设有管道系统和屋顶水箱(也称高位水箱),且室内给水系统与室外给水管网直接连接。当室外管网压力能够满足室内用水需要时,则由室外管网直接向室内管网供水,并向水箱充水,以贮备一定水量。当高峰用水时,室外管网压力不足,由水箱向室内系统补充供水。为了防止水箱中的水回流至室外管网,在引入管上要设置止回阀(图2-11)。

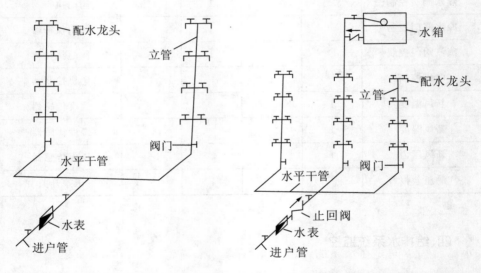

图2-10 直接给水方式　　　图2-11 高位水箱给水方式

这种给水方式适用于室外管网水压周期性不足及室内用水要求水压稳定,并且允许设置水箱的建筑物。它的优点是系统比较简单,投资较省;充分利用室外管网的压力供水,节省电耗;系统具有一定的贮备水量,供水的安全可靠性较好。缺点是系统设置了高位水箱,增加了建筑物的结构荷载,并给建筑物的立面处理带来一定困难。当水压较长时间持续不足时,有可能出现断水情况,需增大水箱容积。

（3）水泵与水箱联合给水方式。当室外给水管网水压经常不足、室内用水不均匀、室外管网不允许水泵直接吸水而建筑物允许设置水箱时,常采用水泵与水箱联合给水方式。水泵从贮水池吸水,经加压后送入水箱。因水泵供水量大于系统用水量,水箱水位上升,至最高水位时停泵;此后由水箱向系统供水,水箱水位下降,至最低水位时水泵重新启动(图 2 - 12)。

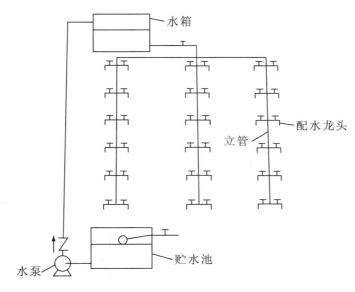

图 2 - 12　水泵与水箱联合给水方式

这种给水方式由水泵与水箱联合工作,水泵及时向水箱充水,可以减小水箱容积。同时在水箱的调节下,水泵能稳定高效地工作,节省电耗。在高位水箱上采用水位继电器控制水泵启动,易于实现管理自动化。贮水池和水箱能够贮备一定水量,增强供水的安全可靠性。

（4）气压给水方式。利用密闭压力水罐取代水泵与水箱联合给水方式中的高位水箱,形成气压给水方式。水泵从贮水池吸水,水送至水管网的同时,多余的水进入气压水罐,将罐内的气体压缩,罐内气压上升,至最大工作压力时,水泵停止工作。此后,利用罐内气体的压力将水送至给水管网,罐内压力随之下降,至最小工作压力时,水泵重新启动,如此周而复始实现连续供水(图 2 - 13)。

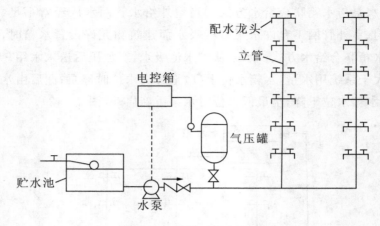

图 2-13 气压给水方式

这种给水方式适用于室外管网水压经常不足、不宜设置高位水箱的建筑（如隐蔽的国防工程、地震区建筑、建筑艺术要求较高的建筑等。它的优点是设备可设在建筑物的任何高度上，便于隐蔽，安装方便，水质不易受污染，投资省，建设周期短，便于实现自动化等。但是，给水压力波动较大，能量浪费严重。

（5）变频调速给水方式。水泵扬程随流量减少而增大，管路水头损失随流量减少而减少，当用水量下降时，水泵扬程在恒速条件下得不到充分利用。为达到目的，可采用变频调速给水方式（图 2-14）。

当给水系统的流量发生变化时，扬程也随之变化，压力传感器不断向微机控制器输入水泵出水管压力的信号，如果测得的压力值大于设计积水量对应的压力值时，则微机控制器向变频调速器发出降低电流频率的信号，从而使水泵转速降低，水泵出水量减少，水泵出水管压力下降；反之亦然。

变频调速给水设备的控制方式有恒压变量和变压变量两种。

（6）分区给水方式。在多层建筑物中，当室外给水管网的压力只能满足建筑物下面几层供水要求时，为了充分利用室外管网水压，可将建筑物供水系统分为上、下两个区。下区由外网直接供水，上区由升压、贮水设备供水。可将两个区的一根或几根立管相互连通，在连接处装设阀门，以备下区进水管发生故障或外网水压不足时，可打开阀门由高区水箱向低区供水（图 2-15）。

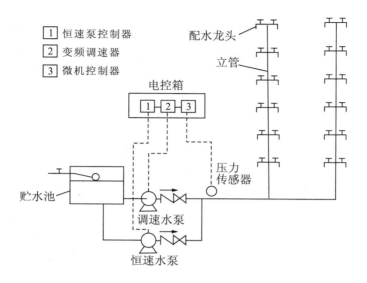

图 2-14 变频调速给水方式

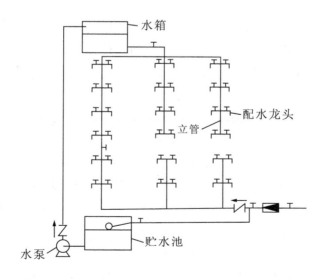

图 2-15 分区给水方式

2.排水系统

建筑物的排水通常分地上和地下两部分。地上建筑的排水,可以靠污水的重力沿排水管道自行排入地下污水井,并进入城市排水管网;地下部分,如建筑的地下层,其污水一般汇集到污水池,然后用污水泵加以排出。排水监控系统结构如图 2-16 所示。

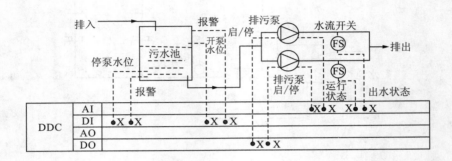

图 2-16　排水监控系统结构

排水系统的控制原理:监控系统在污水池中,设置液位传感器,分别检测停泵水位(低水位)和启泵水位(高水位),同时检测最高/最低报警水位。现场控制器 DDC 根据液位传感器送来的信号控制污水泵的启停。当污水池液面达到启泵高水位时,DDC 送出信号自动启动污水泵投入运行,把污水提升到室外污水井;污水池液面随污水的排除而下降,当污水池液面降到停泵低水位时,DDC 送出信号自动停止污水泵的运行。如果污水池液面达到启泵高水位时,提醒工作人员及时处理;在液面达到停泵低水位时,污水泵没有及时停止,液面继续降低,水位达到最低报警水位时,控制器也发出声光报警信号,提醒及时处理,以免污水泵受损。系统中的污水泵设置了一主一备,当工作泵发生故障时,备用泵即能自动投入运行。

监控系统设置了水流开关 FS,通过检测出水状况,可以检测出污水泵运行状态;设置了主电路热继电器辅助触点,进行污水泵故障状态检测。系统还设有对设备实行的远程开关控制,在监控中心就能遥控污水泵的启停。

五、变配电系统监控

现代体育馆中的系统和设施,对变配电系统可靠性的要求越来越高,有许多系统在运动会期间是绝对不允许出现供电故障的。目前,在一些智能化体育场馆中对变配电系统采用智能化监控技术,推动体育场馆变配电系统朝着自动化方向发展。

1. 变配电监控系统的内容

不同性质的体育场馆,供配电监控系统的功能要求有所不同,但一般都应具有自动检测、自动控制和节能管理3项基本内容。

(1)状态监视与参数自动检测。为了方便管理人员及时了解整个场馆内的电力供应及供配电设备安全情况,必须对电力供应系统的工作状态及供配电质量进行监测。监测对象主要包括以下几个部分。

高低压配电系统:包括高/低压进线与中间联络断路器,低压配电重要输出支路断路器的状态监视,电压、电流、功率、功率因数的自动测量、显示与报警。

变压器部分:包括二次侧电压、电流、功率、温升的自动测量、显示与报警。

直流电源系统:包括交流电源主进线开关状态监视,直流输出电压、电流的自动测量、显示与报警。

备用电源系统:包括发电机启动机供电断路器工作状态监视,供电电压、电流、频率以及发电电机转速、柴油机油箱油位、水温等参数的自动测量、显示与报警。

(2)供配电设备自动控制。为满足体育场馆供配电的需要,电力供应监控应能对一些供配电设备的工作状态进行自动控制,内容包括以下几个方面:低压断路器、开关设备按顺序自动接通、分段;低压母线联络断路器按需要自动接通、分段;各路电网均停电时,柴油机组、备用发电机及其配电屏开关设备按顺序合闸,转换为正常供电方式;大型动力设备定时启动、停止及顺序控制;蓄电池设备按需要自动投入切断。

(3)节能管理。电力供应监控系统除实现上述保证安全、正常供配电的控制外,还能根据监控要求对计算机软件设定功能,以节约电能为目标,对系统的电力设备进行管理。

2. 变配电监控系统调控结构

变配电监控系统调控结构通常采用 3 种形式。

(1)以"网关"联网。在变配电系统已经建立智能化工作站的情况下，由 BA 中央工作站通过网关直接读取变配电系统工作站的数据。这种联网方式，结构比较简单，能够获得大量信息，以达到资源共享的目的。

(2)以现场"变送器"采集信息。在变配电房中的高、低压配电柜里安装变送器，其中包括电流变送器、电压变送器、功率变送器；然后，再把变送器采集的信息送到现场控制器 DDC，经网络接口送往中央工作站读取数据，并做相应处理。

(3)以"多功能智能电表"读取数据。在变配电房中的高、低压配电柜里安装智能电表，读取电流、电压、功率以及频率等参数，以数字信号方式直接送入现场控制器 DDC；然后经网络接口送往中央工作站。这种联网方式，数据传输质量较好，链接简便，目前已获得广泛应用。

六、照明系统监控

1. 体育场馆中的照明

对于一座现代化的体育场，不但要求建筑外形美观大方、各种体育设备齐全完善，而且要求有良好的照明环境，即合适、均匀的照度和亮度、理想的光色、有立体感、无眩光等。除保证满足观众良好的视觉效果外，还必须保证裁判员、运动员和比赛项目所需的照明要求，以及保证有良好的电视转播效果。

在体育场的照明设计中，应考虑以下三方面的因素：①满足运动比赛时运动员的视觉要求，并且使灯光对比赛的客观影响因素降到最低程度；②满足观众的视觉要求，使灯光对观看比赛时所引起的不适感降到最低程度；③满足彩电转播的照明要求，尽可能提高转播质量。

为了得到良好的照明设计方案，合理利用光线的分布来满足运动员、观众、裁判员视觉以及良好的电视转播效果的要求，必须先确定照明标准，包括照度标准和照明质量标准。

照度标准：国际体联委员会第 83 号文件及《民用建筑照明设计标准》GBJ133 - 1990 中对体育场地照明照度标准作出了规定（表 2 - 9、表 2 - 10）。

表 2-9 体育运动场地照明照度标准值

运动项目		参考平面及其高度	照度标准值(lx)					
			训练			比赛		
			低	中	高	低	中	高
篮球、排球、羽毛球、网球、手球、田径（室内）、体操、艺术体操、技巧、武术		地面	150	200	300	300	500	750
棒球、垒球		地面	—	—	—	300	500	750
保龄球		地面	150	200	300	200	300	500
举重		地面	100	150	200	300	500	750
击剑		地面	200	300	500	300	500	750
柔道、中国摔跤、国际摔跤		地面	200	300	500	1000	1500	2000
拳击		地面	200	300	500	1000	1500	2000
乒乓球		台面	300	500	750	500	750	1000
游泳、蹼泳、跳水、水球		水面	150	200	300	300	500	750
花样游泳		水面	200	300	500	300	500	750
冰球、速度滑冰、花样滑冰		冰面	150	200	300	300	500	750
围棋、中国象棋、国际象棋		台面	—	—	—	500	750	1000
桥牌		桌面	—	—	—	100	150	200
射击	靶心	靶心垂直面	1000	1500	2000	1000	1500	2000
	射击房	地面	50	100	150	50	100	150
足球 曲棍球	观看距离 120m	地面				150	200	300
	观看距离 160m					200	300	500
	观看距离 200m					300	500	750
观众席		座位面				50	75	100
健身房		地面	100	150	200			

注：①篮球等项目的室外比赛应比室内比赛照度标准值降低一级；②乒乓球赛区其他部分不应低于台面照度的一半；③跳水区的照明设计应使观众和裁判员视线方向上的照度不低于200lx；④足球和曲棍球的观看距离是指观众席最后一排到场地边线的距离。

表 2 - 10 运动场地彩电转播照明照度标准值

运动项目	参考平面及其高度	照度标准值(lx)		
		最大摄影距离(m)		
		25	75	150
A 组:田径、柔道、游泳、摔跤等	1.0m 垂直面	500	750	1000
B 组:篮球、排球、羽毛球、网球、手球、体操、花样滑冰、速滑、垒球、足球等	1.0m 垂直面	750	1000	1500
C 组:拳击、击剑、跳水、乒乓球、冰球等	1.0m 垂直面	1000	1500	—

照明质量标准:包括照度均匀度、眩光、光源色温及显色性、光的方向性等。

2.体育场馆照明的智能化控制

智能化照明控制系统是计算机控制技术在照明领域的成功应用,可以使基本开灯单位的组合根据不同的使用性质事先预设置,也可以根据临场情况及时调整设置,变成另一种开灯模式,具有很大的灵活性。由于使用了最先进的电子电器技术,能对大多数光源(包括白炽灯、卤钨灯、荧光灯、高强气体放电灯等)进行自动调光,更好地利用自然光照的变化来调节室内照明,使室内人工照明保持恒定照度。智能管理器用于定时启动、关闭、自动调用场景,预设置和全部亮灯控制模式。它可以控制多达数百个区域的灯光变化,贮存几十至上百种预设置,并能根据不同的日期、时间对所控制的不同区域分别进行灯光变化的自动控制,操作十分方便。同时还具有很强的网络通信功能,可以组成大型分布式照明控制网络系统。能在中央监控计算机屏幕上操作和监视,管理非常方便。体育场馆智能化照明系统的基本控制方式如下。

(1)场景控制:在公共区域通过场景控制面板,按照预先设定好的场景进行灯区控制,可以定义开、关,也可定义为延时,如开灯以后自动延时关断。

(2)定时控制:在部分公共区域可以通过实践控制,按照正常的工作时间来安排灯的开关时间,使灯能够定时开、关。

(3)红外移动控制:通过红外移动传感器自动控制公共区域的照明(如走

廊、休息室和楼梯间等),根据实际需求可以通过中央监控计算机改变其工作状态。

(4)现场面板控制:各个灯区不但可以自动(定时或计算机)控制,同时提供现场就地控制,以方便当发生特殊情况时,由自动(定时或计算机)状态就地改为手动控制状态。

(5)集中开关控制:通过为体育场馆定制的中央监控计算机上使用的带有图形显示的监控软件,给最终用户提供一个简洁清晰、操作简便、友好的图形界面,使非专业人员也可以正常使用,控制每一个灯或每一组灯的开启和关闭。

(6)群组组合控制:通过中央监控主机可以对所有的照明点进行大场景的组合控制。在节假日,可以通过预设好的照明效果,对整体建筑的灯光进行变换,形成建筑照明的整体效果变化。

(7)与其他系统联动:通过接口可以与其他系统(如楼控、消防、保安等系统)联动,根据具体需要实现整个照明系统与其他系统对每个照明控制点进行控制。

七、电梯系统监控

电梯监控系统是智能化体育场馆中不可缺少的设施,它们为智能化体育场馆服务时,不仅自身要有良好的性能和自动化程度,而且还要与整个 BAS 系统协调运行,接收中央计算机的监视、管理及控制。

1.电梯自动化

电梯的自动化程度体现在两个方面:一是拖动系统的组成形式;二是操纵自动化程度。常见的电梯拖动系统有以下 3 种。

(1)双速拖动方式:以交流双速电动机作为动力装置,通过控制系统按时间原则控制电动机的高/低速绕组连接,在运行的各个阶段电梯的速度作相应的变化。但是在这种拖动方式下,电梯的运行速度是有级变化的,舒适感较差,不适于在高层建筑中使用。

(2)交流调压调速拖动方式:由单速电动机驱动,用晶闸管控制送往电动机上的电源电压。受晶闸管控制,电机的速度可按要求的规律连续变化,因此乘坐舒适感好,同时拖动系统的结构简单。由于晶闸管调压的结果,主电路三相电压波形严重畸形,不仅影响电机质量,还会造成电机严重发热,故不适用于高速电梯。

(3)交流调压调频拖动方式:又称 VVV 方式。利用微机控制技术和脉冲调制技术,通过改变曳引电动机电源的频率及电压,使电梯的速度按需要变化。由于采用了先进的调速技术和控制装置,使 VVVF 电梯具有高效、节能、舒适感好、控制系统体积小、动态品质和抗干扰性能优越等优点,是现代化高层建筑电梯拖动的理想形式。

2.电梯监控系统的监控功能

(1)监控电梯所处位置、运行状况、运行方向、启动与停止,动态显示各电梯的实时状态。

(2)故障检测和报警,包括厅门、厢门故障检测与报警,轿厢上、下限故障报警以及钢绳轮超速故障报警等。

(3)收集交通信息,对电梯实现群控。

(4)配合消防系统动作。当发生火灾时,普通电梯下到一楼,切断电梯电源,启动消防后备电源,消防电梯在一楼待命。

(5)各部电梯的开/停控制,电梯群控。当任何一层用户按叫电梯时,最接近用户的同方向电梯,将率先到达用户层,以节省用户的等待时间;自动检测电梯运行的繁忙程度以及控制电梯组的开启/停止的台数,以便节省能源。

3.电梯监控系统的构成

根据电梯监控系统的功能,必须以计算机为核心,组成一个智能化的监控系统,才能完成所要求的监控任务。同时,作为智能建筑 BAS 的子系统,它必须与中央管理计算机或体育场馆管理计算机系统(BMS)以及消防控制系统进行通信,以便与 BAS 系统构成有机整体。

整个系统由主控制器、电梯控制屏(DDC)、显示装置(CRT)、打印机、远程操作台和串行通信网络组成。主控制器以 32 位微机为核心,一般为 CPU 冗余结构,因而可靠性较高,它与设在各电梯机房的控制屏进行串行通信,对各电梯监控。采用高清晰度的大屏幕彩色显示器,监视、操作都很方便。主控制器与上位计算机(或 BMS 系统)及安全系统具有串行通信功能,以便于 BAS 形成整体。系统具有较强的显示功能,除了正常情况下显示各电梯的运行状态之外,当发生灾害或故障时,用专用画面代替正常显示图画,并且当必须管制运行或发生异常时,能把操作顺序和必要的措施显示在画面上,因此可迅速地处理灾害和故障,提高对电梯的监控能力。

电梯的运行状态可由管理人员用光笔或鼠标器直接在 CRT 上进行干预,以便根据需要随时启、停任何一台电梯。电梯的运行及故障情况定时由打印机进行记录,并向上位管理计算机(或 BMS)送出。当发生火灾等异常情况时,消防监控系统及时向电梯监控系统发出报警及控制信息,电梯监控系统主控制器再向相应的电梯 DDC 装置发出相应的控制信号,使它们进入预设定的工作状态。

八、草坪喷洒系统监控

体育场地给水系统主要是室外体育场地浇洒给水系统,包括跑道、运动场地,以及体育场地道路、绿化的浇洒给水等。

1. 体育场地浇洒水的目的

运动场草坪由于是运动员比赛的场地,其基本要求是能够承受反复的践踏。此外,运动草坪的观赏性、营业性,要求运动场地草坪具有美观特性。因此,一个高层次高质量的运动场地应特别注意草坪和跑道的养护。体育场地浇洒水是弥补自然降水在数量上的不足与时空上的不均,保证适时、适量地满足草坪生长和体育场地维护所需水分的重要措施。

(1)浇灌种植草坪。能否充足及时地供应水分,对于体育场地草坪的良好生长至关重要。良好的浇洒系统能够模仿天然降水效果,不破坏土壤结构,为草坪草根的生长创造较好的土壤环境。同时利用浇洒系统,管理人员可在不同季节里,根据土壤和气象条件,按照运动场内不同种类草坪的生长习性及时补充水分,进行施肥、施药等。

(2)体育场地维护。体育场地需要进行清洗和养护。对于土质场地、煤炭跑道在尘土较大时可进行浇水压尘,对塑胶跑道和人造草坪浇水可以清除尘土、污物并保持其特性。

(3)体育场地降温。在炎热季节进行场地浇水可起到降温的作用,达到改善场地运动环境的目的。此外,还能保持塑胶跑道和人造草坪的良好性能并防止老化。

2.体育场地浇洒系统的基本形式

浇洒系统形式需要根据运动要求、体育场地的建筑特点、体育场地草坪的种类、体育场地的需水要求、景观和环境效果综合考虑。一般体育场地的浇洒系统有 3 种形式。

(1)人工浇洒。在体育场四周设阀门井,井内设喷洒甩头,需要时进行人工浇洒。

(2)半自动浇灌。利用市政管网水压,在草坪内隔一定间距设一个喷头,隐藏在草坪下,喷灌时打开市政自来水管上的控制阀,喷头开始喷灌。

(3)自动喷灌。采用自动喷灌技术,增设自动控制系统实现喷灌自动化。自动喷灌系统通常由喷头、输水管网、控制设备、过滤设备、加压设备及水源等部分构成(图 2-17)。

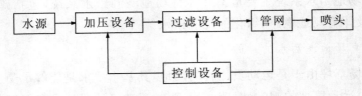

图 2-17 体育场地浇洒系统

习题二

1.计算机控制技术在体育场馆智能化系统中有什么作用?

2.简述计算机控制系统的工作步骤。

3.计算机控制系统由什么组成?

4.IBMS/BMS 具有哪些功能?

5.计算机控制系统有哪些类型?

6.现场总线技术在体育场馆智能化系统中发挥了什么作用?

7.简述现场总系统的结构及部分的作用。

8.体育场馆中的设备监控系统有哪些,请举例说明。

9.请对我校体育馆的空调监控系统进行简单的设计。

10.空调系统由哪些部分组成?

11.请简述排水系统工作流程。

第三章 火灾防范系统

第一节 体育场馆的火灾隐患特点

　　根据体育场馆以往发生的火灾来看,其火灾隐患的表现形式不尽相同,但究其发生火灾的根本原因,体育场馆的火灾隐患主要归结为以下几点。

　　(1)建筑空间大,火灾蔓延快。因体育馆容纳人员较多,建筑空间大,存在着大量的流通空气,有着天然的燃烧条件,同时也构成了火势蔓延条件。

　　(2)可燃物品多,火灾荷载大。体育馆建筑可燃材料多,尤其是个别高档体育馆为了追求奢华、高档次及良好的音响效果,采用大量木材、塑料纤维等可燃材料进行装修,遇到火源极易猛烈燃烧并迅速蔓延。

　　(3)电器使用多,火源隐患杂。体育馆电器多、着火源多。例如,大多数的体育馆除承办体育比赛、训练外,还承办各种文化娱乐、文艺演出等,在演出过程中使用的台口灯、天幕灯、顶灯、追光灯等达几十种,数量多、功率大,如果使用不当,容易造成局部过载或线路短路而引起火灾。2010 年 12 月,杭州黄龙体育馆火灾就是因为电器线路而引起。

　　(4)人员密集,疏散困难。体育馆属典型的公众聚集场所,其最大的特点就是社会性强,人员高度集中。由于人员密度大,需要疏散的时间长,一旦发生火灾,人们容易惊慌失措、相互拥挤,导致出口堵塞,发生挤伤、踩伤。

　　(5)新型材料多,烟毒性大。近年来新建的体育馆突出体现了“大、新、奇、特”的特点,因此体育场馆建设采用大量新型复合材料,火灾的发生必然伴随着大量有害烟气的生成。而且由于可燃物质的不同,便会生成一氧化碳、二氧化碳、二氧化硫、氨、氮氧化物等成分复杂的有毒气体。

第二节　体育场馆的火灾特性

1.建筑易坍塌

由于体育馆宽度大、空间大的特点,大多数体育馆采用的是钢结构。典型的大跨度钢结构体育馆建筑首推 2008 年北京奥运会主体育场"鸟巢",其建筑面积达 $25.8 \times 10^4 m^2$。首先,钢结构在火灾情况下强度变化较大,温度超过 200℃时,其强度开始减弱;温度达到 350℃时,钢结构强度下降 1/3;温度达到 500℃时,钢结构强度下降一半;温度达到 600℃时,钢结构强度下降 2/3;温度超过 700℃时,钢结构强度则几乎减少殆尽。据统计,火灾中钢结构建筑在燃烧 15～20 分钟后,就有可能发生坍塌。其次,钢结构具有典型的热胀冷缩特性,高温受热后急剧变形,很短的时间内承载能力和支撑能力都将下降。但当遇到水流冲击,如灭火或者防御冷却时,钢结构会急剧收缩,转瞬间即形成收缩拉力,继而使建筑结构的整体稳定性被破坏,造成坍塌。

2.扑救难度较大

一是火势迅猛。由于体育馆空间较大,空气充足,有的建筑内部甚至形成空气对流,再加上可燃物多,助燃剂充沛,一旦发生火灾,火势必将迅猛发展,并呈大空间、大面积迅猛燃烧趋势,很短的时间内便可以发展到火灾迅猛阶段。二是内攻难以深入。由于体育馆建筑内部可燃物、助燃剂多,火灾荷载特别大,火灾发生时,在没有人工照明的情况下,疏散被困人员、强行内攻救人和深入建筑内部防御都非常困难。三是内攻时障碍物多。体育馆结构建筑内部空间大,塌落物多,给进攻路线设下了不规则障碍。而且馆内座位多、上下台阶多、进攻线路不确定、地表情况不熟悉等,在实施内攻时,转移阵地和延长内攻路线十分困难。

3.易造成人员伤亡

当体育馆内发生火灾的时候,因空间大,又没有防火分区和防火隔物,馆内产生的大量浓烟、毒气容易使被困人员的视线不清楚,很快就会出现中毒、神志不清的现象;燃烧产生的高温、热气流使人难以忍受,极易出现惊慌失措,在惊恐中争相逃命、互相拥挤,即使不是烧死和熏死,也极有可能在疏散中践踏伤亡,容易造成群死群伤。

4.经济损失大

随着我国经济建设的快速发展,社会物质财富和商品流通的迅速增长,体育场馆建设的发展规模空前扩大,集比赛、娱乐、展览、购物为一体的综合性体育场馆越来越多,它们的建设装修材料昂贵,设备、财产物品数量价值高,一旦发生火灾,经济损失很大。

5.社会影响大

体育场馆内开展的体育竞赛、文艺演出、文化展览等活动,往往都是展示当地政治、经济、文化的有效载体,举行的开、闭幕式,盛大的比赛赛事、文艺演出、国际性展览等,往往参加的国际、国内有影响的人士较多,政府官员较多,各界群众和知名人士较多,一般备受国际、国内高度关注,更是新闻媒体的焦点。一旦发生重大火灾,其社会影响和后果远远高于经济的损失。

第三节　体育场馆火灾防范系统的组成及原理

火灾防范系统由报警和联动两大部分组成,图 3-1 给出了火灾防范系统的组成。

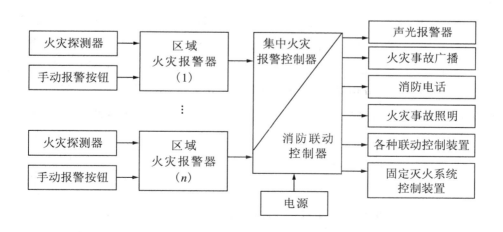

图 3-1　火灾防范系统的组成

火灾自动报警部分,由集中火灾报警控制器、区域火灾报警控制器、火灾探测器、手动报警按钮组成;消防联动部分,由消防联动控制器、声光报警器、火灾事故广播、消防电话、火灾事故照明、各种联动控制装置、固定灭火系统控制装置组成。如果不设区域火灾报警器,火灾各探测器、手动报警按钮的信号,可直接传送给集中火灾报警控制器。

第四节　体育场馆的火灾探测器

火灾探测器是火灾探测系统最重要的组成部分,它至少含有一个能连续或以一定频率定期探测物质燃烧过程中所产生的物理、化学现象的传感器,并且至少能向控制和指示设备提供一个适合的信号。其基本功能就是对物质燃烧过程中产生的各种气、烟、热、光(火焰)等表征火灾信号的物理、化学参量作出有效响应,并转化为计算机可接收的电信号,供计算机分析处理。

火灾探测器一般由敏感元件传感器、处理单元和判断及指示电路组成。其中,敏感元件及传感器可以对一个或几个火灾参量起监视作用,作出有效响应,然后经过电子或机械方式进行处理,并转化为电信号。

1. 感烟式火灾探测器

火灾的起火过程一般都伴有烟、热、光 3 种燃烧产物。在火灾初期,由于温度较低,物质多处于引燃阶段,所以产生大量烟雾。烟雾是早期火灾的重要特征之一,感烟式火灾探测器是能对可见的或不可见的烟雾粒子作出响应的火灾探测器。它是将探测部位烟雾浓度的变化转换为电信号实现报警目的的一种器件,可分为离子感烟式、光电感烟式、激光感烟式等几种形式。感烟式火灾探测器适宜安装在发送火灾后产生烟雾较大或容易产生引燃的场所。

2. 感温式火灾探测器

火灾时物质的燃烧产生大量的热量,使周围温度发生变化。感温式火灾探测器是对警戒范围中某一点或某一线路周围温度变化时响应的火灾探测器,是将温度的变化转换为电信号以达到报警目的。根据监测温度参数的不同,一般用于工业和民用建筑中的感温式火灾探测器分为:定温式、差温式、差定温式等。感温探测器对火灾发生时温度参数的敏感,其关键是由探测器的核心部件——热敏元件决定的。感温式火灾探测器适宜安装于起火后产生烟雾较小的场所,不宜安装于温度较高的场所。

3. 感光式火灾探测器

物质燃烧时,在产生烟雾和放出热量的同时,也产生可见或不可见的光辐射。感光式火灾探测器又称作火焰探测器,它是用于响应火灾的光特性,即扩散火焰燃烧的光照强度和火焰的闪烁频率的一种火灾探测器。根据火焰的光特性,目前使用的火焰探测器有两种:一种是对波长较短的光辐射敏感的紫外探测器;另一种是对波长较长的光辐射敏感的红外探测器。紫外火焰探测器是敏感高强度火焰发射紫外光谱的一种探测器,它使用一种固态物质作为敏感元件,如碳化硅或硝酸铝,也可使用一种充气管作为敏感元件。红外光探测器基本上包括一个过滤装置和透镜系统,用来筛除不需要的波长,而将收进来的光能聚集在对红外光敏感的光电管或光敏电阻上。感光式火灾探测器宜安装在瞬间产生爆炸的场所,如石油、炸药等化工制造的生产存放地。

4. 可燃气体探测器

可燃气体探测器是对单一或多种可燃气体浓度响应的探测器,有催化和半导体两种类型。催化型可燃气体探测器是利用难熔金属铂丝加热后的电阻变化来测定可燃气体浓度。当可燃气体进入探测器时,在铂丝表面引起氧化反应(无焰燃烧),其产生的热量使铂丝的温度升高,而铂丝的电阻率便发生变化。半导体型可燃气体探测器要用灵敏度较高的气敏半导体元件,它在工作状态时,遇到可燃气体,半导体电阻下降,下降值与可燃气体浓度有对应关系。

5. 复合式火灾探测器

复合式火灾探测器是对两种或两种以上火灾参数响应的探测器,有感烟感温式、感烟感光式、感温感光式等形式。

火灾探测器的分类见表 3-1 所示。

表 3 - 1   火灾探测器的分类

火灾探测器	分 类		
感烟探测器	点型	离子式	双源型、单源型
		光电式	散射型、减光型
		电容式	
		半导体式	
	线型	红外光束型、激光型	
感温探测器	点型	定温式	水银接点型、易熔合金型、玻璃球型、热电偶型、半导体型、双金属型、热敏电阻型
		差温式	半导体型、双金属型、热敏电阻型、膜盒型
		差定温式	双金属型、热敏电阻型、膜盒型
	线型	定温式	多点型、缆式型
		差温式	空气管型
感光探测器	紫外火焰型、红外火焰型		
可燃气体探测器	气敏半导体型、铂丝型、铂铑型、固体电解质型、光电型		
复合式探测器	感温感烟型、感温感光型、感烟感光型、感温感烟感光型、分离式红外光束感温感烟型		

第五节   体育场馆的防火、报警与灭火联动控制

体育场馆最大的特点之一就是人员密集。在体育场馆中有大量的电气设备,如比赛灯光、电线电缆及其他一些机电设备,一旦发生火灾,首先会对场内观众造成心理恐慌,从而引起场内混乱,极易造成人员的重大伤亡。因此,需要配备可靠的火灾自动报警系统及消防联动系统,根据不同场所的特点,针对性地选择火灾报警探测器和其他报警装置,将火灾消灭在初始阶段。

火灾自动报警与自动灭火系统,是通过安装在现场的各种火灾探测器对现场进行监控,一旦发生火灾警情,产生报警并联动相应的灭火、疏散、广播等设备,达到预防火灾的目的。

一、体育场馆消防设施

1.结构防火

体育馆建筑的屋顶承重一般采用钢网架体系。而从防火角度看,必须考虑对钢网架实行防火保护。具体措施:①采用耐高温的钢材制作承重网架,这样可以适当地提高网架的耐火强度;②采用耐火极限值较高的薄型防火涂料涂于网架之上,这样可以保持网架外形的美观并减轻网架的自重;③宜采用薄膜材料覆盖屋架。膜材料自重轻,有利于延长网架的耐火时间,并且损坏后产生的次生危害也较其他材料低。

2.自动灭火设施

由于现有的固定自动喷水系统不适用于过高的空间,所以体育场馆中只对那些高度小于8m的空间和屋盖吊顶内空间加设固定水喷淋系统,而对观众大厅,建议采用智能遥控的远距离喷射的固定水炮系统。

近年来国外在体育场馆防火设计中获得的最新成果表明,通过使用自动喷淋系统可以降低或者取消结构的耐火等级要求。这种做法可以通过性能化分析和系统可靠性来证明,具体分析包括判断预期发生暴露在火灾中结构的火灾模型,改进喷淋设施提高工作速度,以及增大喷淋头密度提高火灾控制能力等。

通过对火灾模型的分析,可能增加安全疏散距离,减小总的疏散宽度。这种分析可以在可靠的火灾假定情况下,显示出实际有效的安全出口数量。通过对烟气层的控制或者其他积极的防火安全系统,可以增加疏散允许时间。

二、火灾自动报警系统

火灾自动报警系统是触发器件、火灾警报装置及具有其他辅助功能的装置组成的火灾报警系统,是人们为了早期发现通报火灾并及时采取有效措施,控制和扑灭火灾而设置在建筑或其他场所中的一种自动消防设施,是人们同火灾作斗争的有力工具。

火灾自动报警系统的组成形式多种多样,特别是近年来科研、设计单位与制造厂家联合开发了一些新型的火灾自动报警系统,如智能型、全总线型等。但在工程应用中采用最广泛的是区域报警系统、集中报警系统、控制中心报警系统。

(1)区域报警系统。该系统一个报警区域宜设置一台区域报警控制器,系统中区域报警控制器不应超过3台,区域报警控制器宜设置在有人值班的场所。

(2)集中报警系统。报警区域较多、区域报警控制器超过3台时,采用集中报警系统。集中报警系统至少有1台集中报警控制器和2台以上区域报警控制器,集中报警控制器应设置在有人值班的专用房间或消防班室内。

(3)控制中心报警系统。工程建筑规模大、保护对象重要、设有消防控制设备和专用消防控制室时,宜采用控制中心报警系统。

火灾自动报警系统的工作原理如图3-2所示。安装在保护区的探测器不断地向所监视的现场发出巡测信号,监视现场的烟雾浓度、温度等,并不断反馈给报警控制器,控制器将接收的信号与内存的正常鉴定值比较、判断,确定火灾状况。当火灾发生时,发出声光报警,显示烟雾浓度、火灾区域或楼层房号的地址编码,并打印报警时间、地址等,同时向火灾现场发出警铃报警,在火灾发生楼层的上下相邻层或火灾区域的相邻区域也同时发出报警信号,以显示火灾区域。各应急疏散指示灯亮,指明疏散方向。超过3000个座位的体育馆,应按《火灾自动报警系统设计规范》的一级保护对象设置火灾自动报警系统。

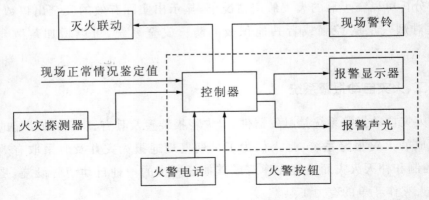

图3-2 火灾自动报警系统原理

三、减灾灭火联动控制装置

1. 火灾事故广播

火灾发生后,为了方便组织人员的安全疏散和通知有关救灾的事项,对综合楼设置火灾事故广播(火灾紧急广播)系统。根据《火灾自动报警系统设计规范》的规定,民用建筑内扬声器应设置在走道和大厅等公共场所,每个扬声器的额定功率不应小于 3W,其数量应能保证从一个防火分区的任何部位到最近一个扬声器的距离不大于 25m,走道内最后一个扬声器至走道末端的距离不应大于 12.5m。

2. 消防专用电话系统

消防控制室设置对内联系、对外报警的电话是我国目前阶段的主要消防通信手段。根据《火灾自动报警系统设计规范》的规定,消防专用电话网络应为独立的消防通信系统。也就是说,消防专用电话线路不能利用一般电话线路代替,应独立布线。消防专用总机与电话分机或塞孔之间呼叫方式是直通的,中间没有交换或转接程序。根据《火灾自动报警系统设计规范》的规定,设有手动火灾报警按钮、消火栓按钮等处宜设置电话塞孔。电话塞孔在墙上安装时,其底边距地面高度宜为 1.3～1.5m。

3. 应急照明

根据《高层民用建筑设计防火规范》的规定,应急照明和疏散指示标志,可采用蓄电池作备用电源,且连续供电时间不应少于 20 分钟。

(1)应急照明。应急照明在正常电源断电后,其电源转换时间应小于 15 秒。应急照明灯自带蓄电池,并采用三线式配线,以使蓄电池经常处于充电状态。

(2)疏散指示标志。疏散指示灯平时处于点亮状态,每 10～20m 步行距离及转角处需装一个,其安装高度应在 1m 以下;在通往楼梯口或通向室外的出口设置出口标志灯,并采用绿色标志,安装在门口上部。安全出口标志灯宜安装在疏散门口的上方,在首层的疏散楼梯应安装于楼梯口的里侧上方。安全出口标志距地高度宜不低于 2m。疏散走道上的安全出口标志灯可明装,而厅室内宜采用暗装。疏散指示灯的设置不影响正常通行,其周围不应存放容易混淆以及遮挡疏散标志的其他标志牌等。

4.防排烟系统

火灾时产生的烟主要成分是一氧化碳,易使人窒息;烟气遮挡人的视线,使人在疏散时难以辨别方向,如不及时排除,很快就会垂直扩散到各处。因此,防排烟系统必不可少。当发生火灾后,应立即使其投入使用,将烟气迅速排出。

对于排烟系统,《高层民用建筑设计防火规范》的规定如下:无直接自然通风且长度超过20m的内走道、有直接自然通风但长度超过60m的内走道,以及面积超过100m²且经常有人停留的无窗房间、对外开窗但面积超过200m²的房间均需设置机械排烟设施。排烟防火阀设在风管上,平时处于关闭状态。当火警发生时,它可以与感烟信号联动,控制主机发出信号或手动使其瞬间开启,进行排烟。任何一处排烟阀开启时,均会立即连锁启动排烟机。在排烟机前的排烟吸入口处装有排烟防火阀。当排烟风机启动时,此阀门同时打开进行排烟。当排烟温度高达280℃时,装设在阀口的温度熔断器动作,再将阀门自动关闭,同时也连锁关闭风机。本设计中,任意一层楼着火,着火层和其上一层的排烟阀都应开启。

5.自动灭火系统

自动灭火系统按灭火介质来划分,可以分为自动水灭火系统和自动气体灭火系统。

(1)自动水灭火系统又可分为以下3种。

室内消火栓灭火系统:消火栓灭火系统由蓄水池、加压送水装置(水泵)及室内消火栓等主要设备构成,这些设备的电气控制包括水池的水位控制、消防用水和加压水泵的启动。水位控制应能显示出水位的变化情况和高、低水位报警,以及控制水泵的开停。室内消火栓系统由水枪、水龙带、消火栓、消防管道等组成。为保证喷水枪在灭火时具有足够的水压,需要采用加压装置。常用的加压设备有两种:消防水泵和气压给水装置。在每个消火栓内设置消防按钮,灭火时用小锤击碎按钮上的玻璃小窗,按钮不受压而复位,从而通过控制电路启动消防水泵,水压增高后,灭火水管有水,用水枪喷水灭火。

自动消防喷淋灭火系统:是一种在发生火灾时,能自动打开喷头喷水灭火,并同时发出火灾报警信号的消防灭火设施。该系统具有自动喷水、自动报警和初期火灾降温等优点，并且可以和其他消防设施同步联动工作，因此能有效控制、扑灭初期火灾。现已广泛应用于建筑消防中。自动消防喷淋灭火系统分为感烟式和感温式两种。

自动高空水炮：如图 3-3 所示，自动扫描射水高空水炮灭火装置是将计算机技术、红外传感技术、机械传动技术、图像传输技术有机地结合在一起的灭火装置。在"高空水炮"保护范围内一旦发生火情，该装置会立即启动，扫描火源，精确定位；一旦确认，立即启泵喷水并发出警报，将火源迅速扑灭，然后装置自动停止射水，并能重复启闭。本装置既可自动扑灭火灾，又可人工操作设备对火情进行控制，是现代化智能型灭火设备。

图 3-3　自动高空水炮

（2）自动气体灭火系统。自动气体灭火系统主要由气体储存钢瓶、容器阀、启动气瓶、喷头、管网及装于管网上的压力信号器组成，如图 3-4 所示。当设置在灭火区中的火灾探测器发出火灾信号后，经火灾报警控制器确认，驱动联动控制柜给出灭火指令信号，启动气瓶，灭火剂经管道分配从喷头喷出进行灭火。压力信号器负责检查管道内的压力，并将其转换为电信号或开关信号，作为反馈信号反馈至消防控制中心，实现联动的闭环自动控制。自动气体灭火系统按灭火介质，可分为以下 3 种。

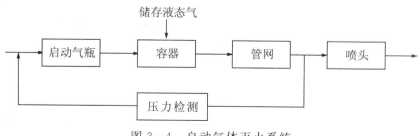

图 3-4　自动气体灭火系统

　　七氟丙烷灭火系统：七氟丙烷（HFC－227ea）灭火系统是一种高效能的灭火设备，其灭火剂七氟丙烷是一种无色、无味、低毒性、绝缘性好、无二次污染的气体，对大气臭氧层的耗损潜能值（ODP）为零，是目前替代卤代烷1211、1301最理想的替代品。七氟丙烷灭火系统主要适用于计算机房、通信机房、配电房等场所，可用于扑救电气火灾、液体火灾或可熔化的固体火灾、固体表面火灾及灭火前能切断气源的气体火灾。

　　混合气体自动灭火系统：混合气体灭火剂是由氮气、氩气和二氧化碳气体按一定的比例混合而成的气体，这些气体都是在大气层中自然存在的，对大气臭氧层没有损耗，也不会对地球的"温室效应"产生影响，而且混合气体无毒、无色、无味、无腐蚀性、不导电，既不支持燃烧，又不与大部分物质产生反应，是一种十分理想的环保型灭火剂。可用于扑救电气火灾、液体火灾或可熔化的固体火灾、固体表面火灾及灭火前能切断气源的气体火灾，主要适用于电子计算机房、通信机房、配电房、油浸变压器、自备发电机房等经常有人工作的场所。

　　二氧化碳自动灭火系统：二氧化碳灭火剂具有毒性低、不污损设备、绝缘性能好、灭火能力强等特点，是目前国内外市场上颇受欢迎的气体灭火产品，也是替代卤代烷的较理想的产品。二氧化碳自动灭火系统可用于扑灭气体、液体或可熔化的固体（如石蜡、沥青等）火灾、固体表面火灾及部分固体（如棉花、纸张）的深位火灾、电气火灾等。

四、联动控制

　　消防联动控制系统的作用是在自动报警系统确认火情后及时发出指令，实施报警，引导疏散，启动灭火系统进行扑救，延缓火势。所有这些操作都是由单片机按事先编制好的程序进行的。因此，在系统调试中，要根据联动主机的设计要求和各被控设备动作顺序，应用"现场编程器"，把程序代码存入可擦写寄存器EPROM，再将其设置在联动控制器内。但有些联动控制器可直接在单片机上进行编程操作。在设置消防联动系统上应注意以下几个方面。

1. 实施报警

　　报警由火灾声光报警器或警铃以及火灾事故广播来完成。火灾时应在消防控制室将火灾疏散层的扬声器和广播音响、背景音乐扩音机，通过强切模块,强制转入火灾事故广播状态;床头控制柜内设置的扬声器,也应有火灾广播功能;火灾事故广播用扬声器不得加开关,如加有开关或设有音量调节器时,则应采用三线式配线强制火灾事故广播开放。

2.引导疏散

凡公共通道设有门禁的,要与消防联动系统联网,遇有火警全部打开。火灾确认后,联动系统自动切除普通用电,以防电助火势。为了使人员在火灾情况下,能从室内安全撤离,应专门设置应急照明。

3.启动灭火系统

设置消火栓按钮的消火栓灭火系统,当按钮闭合时,应能向消防控制中心发送消火栓工作信号并同时直接启动消防水泵。消防控制室可控制消防水泵的启、停,具有工作显示和故障显示。自动喷洒系统的水流指示器,只作报警使用,不应作自动启动消防水泵的控制装置。报警阀压力开关、水位控制开关和气压罐压力开关等,应可控制自动启动消防水泵。

4.启动排烟设施

联动系统控制排烟阀工作,启动相关的排烟风机和正压风机,停止相关范围的空调机及其他送、排风机的工作。

5.启动防火卷帘

电动防火卷帘应取两次控制下落方式,第一次由感烟探测器控制下落至距地1.5m处停止,此时人员还可通行;第二次由感温探测器控制下落到底,并应分别将报警及动作信号送至消防控制室。

习题三

1.体育场馆有哪些火灾隐患?

2.体育场馆的火灾有哪些特性?

3.简述火灾防范系统的组成。

4.体育场馆使用的火灾探测器有哪些类型?

5.简述体育场馆的防火系统与报警系统是怎样进行联动控制的。

第四章　安全防范系统

体育场馆是人群大量集中的场所,在运动会竞赛期间,确保场馆中运动员和观众的人身安全,对体育场馆管理工作来说至关重要。将事故或灾难消灭在萌芽状态,是安全防范系统应达到的最基本要求。

安全防范系统(简称安防系统,Security System)就是利用音视频、红外、探测、微波、控制、通信等多种科学技术,采用各种安防产品和设备,给人们提供一个安全的生活和工作环境的系统。达到事先预警、事后控制和处理的效果,保护建筑内外生命和财产安全。

安全防范系统是技术防范和人工防范相结合的系统,利用先进的技术防范系统弥补人工防范不足的缺陷,用科学技术手段提高人们生活和工作环境安全。除了技术防范系统外,还必须有严格训练和培训的高素质安保人员,只有通过人工防范和技术防范相结合,才能提供一个真正的安防系统。强大的接警中心和高效的公安机关是安防系统的核心。

根据体育场馆的实际情况,安防系统由闭路电视监控系统、门禁系统和防盗报警系统、电子巡更系统、周界防范系统、安检系统、安保通信网络系统和综合安防集成平台组成。其中,安保通信网络系统应纳入综合布线系统统一考虑,安检系统由安保部统一设置。

第一节　闭路电视监控系统

一、闭路电视监控系统概述

闭路电视监控系统是安全防范系统的重要组成部分,利用摄像机通过传输线路将音视频信号传送到显示、控制和记录设备上。闭路电视监控系统具有三大基本功能,即监视、录像和回放。监视主要是指可以看到现场的实时画面;录像是指可以将看到的图像记录下来;回放是指播放记录下来的图像资料。通过更加先进的技术手段也能够实现图像分析、事先预警、事后防范的功能。

闭路电视监控系统网络化、数字化是一个新的趋势,传统的模拟系统逐渐向数字化转变,传输线路由以前的铜缆(主要是同轴电缆、控制电缆)逐渐向网络传输转变。依靠强大的网络化和数字化,可以很方便地建设多级监控系统,可以不限制地点来设置多个控制中心和访问、接入点。闭路监控电视系统经过扩充可以具备音频系统功能,可以监听、录制和回放音频信号,同时闭路监控系统具备一些入侵报警功能。尤其是随着视频分析技术的发展,在某些程度上,摄像机可以取代报警探头。

闭路电视监控系统是对体育场馆内外现场图像进行实时监视与录像的综合性安保系统,是体育场馆安全防范系统中不可缺少的重要组成部分。

二、闭路电视监控系统的组成

闭路电视监控系统由前端系统、本地传输系统、本地显示系统、本地控制系统、远程传输系统、远程控制系统 6 个主要部分组成。

(一)前端系统

前端系统是指监控线缆前端连接的设备部分,主要是指监控系统的现场设备。现场设备主要有摄像机、镜头、护罩、支架、立杆、变压器、电源、拾音器、云台、解码器、光端机、防雷器、接地体、信号放大器、抗干扰器等。

1. 监控摄像机

摄像部分是视频监控系统的前沿部分,是整个系统的"眼睛"(图 4-1)。摄像机把采集到的音视频转化为数字信号,通过网络将数字音视频信号传送到控制中心和存储设备。

摄像机是获取监视现场图像的前端设备,它以面阵 CCD 图像传感器为核心部件,外加同步信号产生电

图 4-1　监控摄像机

路、视频信号处理电路及电源等。CCD(Charge Coupled Device),即电荷耦合组件,是指一系列摄像组件,此组件可将光线转变成电荷,并可将电荷储存及转移,且能令储藏的电荷取出,使电压发生变化。它是一种半导体成像器件,因而具有灵敏度高、抗强光、畸变小、体积小、寿命长、抗振动、抗磁场、无残影等优点,是代替摄像管传感器的新型器件。近年来,新型低成本 MOS 图像传感器有了较快速的发展,基于 MOS 图像传感器的摄像机已开始被应用于对图像质量要求不高的可视电话或会议电视系统中。由于 MOS 图像传感器的分辨率和低照度等主要指标暂时比不上 CCD 图像传感器,因此在监控系统中使用的摄像机仍为 CCD 摄像机。

摄像机具有黑白和彩色之分,由于黑白摄像机具有高分辨率、低照度等优点,特别是它可以在红外光照下成像,因此在电视监控系统中,黑白 CCD 摄像机仍具有较高的市场占有率。

摄像机的使用很简单,通常只要正确安装镜头、连通信号电缆、接通电源即可工作。但在实际使用中,如果不能正确地安装镜头并调整摄像机及镜头的状态,则可能达不到预期使用效果。应注意观察镜头与摄像机的接口是 C 型接口还是 CS 型接口,否则如果将 C 型镜头直接往 CS 型接口摄像机上旋入时极有可能损坏摄像机的 CCD 芯片。

摄像机主要布置在体育场馆的主要出入口、看台区、入口大厅、重要房间、重要机房、媒体及运动员休息区、变配电室内、电梯厅内、楼梯前室、电梯轿厢等处,对每个进入场地及房间的人员进行摄像并保留图像资料,以方便在需要的时候进行调取。

2. 镜头

镜头(Lens)是摄像机也是监视系统的关键设备,它的质量(指标)优劣直接影响摄像机的整机指标,因此,摄像机镜头的选择是否恰当,既关系到系统质量,又关系到工程造价。

镜头相当于人眼的晶状体(图 4-2)。如果没有晶状体人眼看不到任何物体。当无法将晶状体拉伸至正常位置时,眼前的景物就变得模糊不清。同样,如果没有镜头,那么摄像机所输出的图像就是白茫茫的一片;而当摄像机图像变得不清楚时,可以调整摄像机镜头的后焦点,改变 CCD 芯片与镜头基准面的距离,可以将模糊的图像变得清晰。常用的镜头见表 4-1。

图 4-2　镜头

表 4-1　镜头的分类

外形功能	尺寸大小(mm)	光　圈	变焦类型	焦距长短
球面镜头	25.4	自动光圈	电动变焦	长焦距镜头
非球面镜头	16.9	手动光圈	手动变焦	标准镜头
针孔镜头	12.7	固定光圈	固定焦距	广角镜头
鱼眼镜头	8.47			

　　焦距是摄像机镜头的一项重要参数。焦距的大小决定着视场角的大小:焦距数值小,视场角大,所观察的范围也大,但距离远的物体分辨不是很清楚;焦距数值大,视场角小,观察范围小,只要焦距选择合适,即便距离很远的物体也可以看得清清楚楚。由于焦距和视角是一一对应的,一个确定的焦距就意味着一个确定的视场角,所以在选择镜头焦距时,应该充分考虑是观测细节重要,还是有一个大的观测范围重要,如果要看细节,就选择长焦距镜头;如果看近距离大场面,就选择小焦距的广角镜头。

　　(二)本地传输系统

　　本地传输系统相对远程传输系统而言,早期的闭路监控电视系统的规模比较小,主要限于本地传输,不会牵涉到异地联网或者大型联网,传输相对简单。本地传输是指限于地理位置一定范围内的传输,一般传输的半径不超过

60km 就算本地传输,大部分情况下传输距离不会超过 3000m。

随着科学技术的进步和网络技术的发展,监控系统的传输不仅仅限于传统的模拟传输(主要依靠同轴电缆进行传输),相对比较复杂,在本节将分为两大部分进行描述,即线路传输系统和抗干扰技术。

1.线路传输系统

线路传输系统按照传输方法主要分为模拟传输线路(以同轴电缆传输为核心)和网络传输线路(以网络传输为核心)。

1) 模拟传输线路

模拟传输线路的主要特点是摄像机类型是模拟摄像机,线缆接口是模拟 BNC 接口,传输方式包括同轴电缆传输、双绞线传输、光缆传输、无线传输和射频传输。

(1)同轴电缆传输。同轴电缆传输是应用最早最常见也是目前主流的传输技术,摄像机和后端设备均直接支持同轴电缆连接,不需要额外的转换器。同轴电缆对外界电磁波和静电场具有屏蔽作用,导体截面积越大,传输损耗越小,可以将视频信号传送更长的距离。

同轴电缆的信号传输是以"束缚场"方式传输的,就是把信号电磁场"束缚"在外屏蔽层内表面和芯线外表面之间的介质空间内,与外界空间没有直接电磁交换或"耦合"关系,所以同轴电缆是具有优异屏蔽性能的传输线。同轴电缆属于超宽带传输线,应用范围一般为 0～2GHz 及以上。它又是唯一可以不用传输设备也能直接传输视频信号的线缆。

在工程实际中,为了延长传输距离,要使用视频放大器。视频放大器对视频信号具有一定的放大,并且还能通过均衡调整对不同频率成分分别进行不同大小的补偿,以使接收端输出的视频信号失真尽量小。但是,同轴放大器并不能无限制级联,一般在一个点到点系统中同轴放大器最多只能级联 2 个或 3 个,否则无法保证视频传输质量,并且调整起来也很困难。因此,在监控系统中使用同轴电缆时,为了保证有较好的图像质量,一般将传输距离范围限制在 1000m 左右。

另外,同轴电缆在监控系统中传输图像信号还存在着一些缺点:同轴电缆较粗,在大规模监控应用时布线不太方便;同轴电缆一般只能传输视频信号,如果系统中需要同时传输控制数据、音频等信号时,则需要另外布线;同轴电缆抗干扰能力有限,不适用于强干扰环境。

(2)双绞线传输。双绞线传输由双绞线和双绞线收发器组成。双绞线基带传输是用 5 类以上的双绞线,利用平衡传输和差分放大原理。双绞线是特性阻抗为 100Ω 的平衡传输方式。目前绝大多数前端的摄像机和后端的视频设备,都是单极性、75Ω 匹配连接的,所以采用双绞线传输方式时,必须在前后端进行"单—双"(平衡—不平衡)转换和电缆特性阻抗 75Ω—100Ω 匹配转换。这就是说,视频双绞线基带传输,两端必须有转换设备,不能像同轴电缆那样,无设备直接传输视频信号。

与同轴电缆"束缚场"传输原理不同,双绞线传输的信号电磁场是"空间开放场",利用两条线传输的信号相等、方向相反,产生的空间电磁场互相"抵消"的原理传输信号,采用平衡差分放大原理,提高共模抑制比,抑制外部干扰。

从线缆本身的传输特性看,双绞线是各类线缆传输方式中传输衰减,特别是频率失真最大的一种线缆。双绞线巨大的传输衰减和频率失真,要求传输设备不仅要对视频信号进行平衡—不平衡转换,而且需要有比同轴传输性能高几倍的频率加权补偿能力。这种传输方式的优点是线缆和设备价格便宜,适用于一些图像质量要求不高,工程造价要求较低的工程场合。

(3)光纤传输。光纤传输由光缆和光端机组成。常用的光缆传输是"视频对射频调幅,射频对光信号调幅"的调制解调传输系统。技术源于远程通信系统,技术成熟程度很高,在单路/多路、单向/双向、音频/视频、控制、模拟、数字等方面,光缆传输技术都是远距离传输最有效的方式,传输效果是公认比较好的。光纤传输适用于几千米到几十千米以上的远距离视频传输,如高速公路、城市道路监控。

光纤有多模光纤和单模光纤之分。多模光纤由于色散和衰耗较大,其最大传输距离一般不能超过 5km。所以,除了先前已经铺好多模光纤的地方外,在新建的工程中一般不再使用多模光纤,而主要使用单模光纤。单模光纤只有单一的传播路径,一般用于长距离传输。多模光纤有多种传播路径,多模光纤的带宽为 $50\sim500\text{MHz/km}$;单模光纤的带宽为 2000MHz/km。光纤波长有 850nm、1310nm、1550nm 等。850nm 波长区为多模光纤通信方式;1550nm 波长区为单模光纤通信方式;1310nm 波长区有多模和单模两种。

光纤中传输监控信号要使用光端机,它的作用主要是实现电—光和光—电转换。光端机又分为模拟光端机和数字光端机两种。光纤和光端机应用在监控领域里主要是为了解决两个问题:传输距离、环境干扰。光端机可以提供一路和多路图像接口,还可以提供双向音频接口、一路和多路各种类型的双向数据接口,将它们集成到一根光纤上传输。光端机为监控系统提供了灵活的传输和组网方式,信号质量好,稳定性高。

双绞线和同轴电缆只能解决短距离、小范围内的监控图像传输问题,如果需要传输距离数千米甚至上百千米的图像信号,则需要采用光纤传输方式。另外,对一些超强干扰场所,为了不受环境干扰影响,也要采用光纤传输方式。因为光纤具有传输带宽大、容量大、不受电磁干扰、受外界环境影响小等诸多优点,一根光纤就可以传送监控系统中需要的所有信号,传输距离可以达到上百千米。近年来,由于光纤通信技术的快速发展,光纤和光器件的价格下降很快,使得光纤监控系统的造价大幅度降低,光纤和光端机在监控系统中的应用越来越普及。

(4)无线传输。无线传输主要由无线收发器组成,不需要线缆传输。在布线有限制或者已经不具备布线条件的环境中,近距离的无线传输是最方便的。无线视频传输由发射机和接收机组成,每对发射机和接收机有相同的频率,可以传输彩色和黑白视频信号,并可以有声音通道。无线传输的设备体积小巧,质量轻,一般采用直流供电。另外由于无线传输具有一定的穿透性,不需要布视频电缆等特点,也常用于电视监控系统,一般常用于公安、铁路、医院、临时建筑、变电站等场所。

值得注意的是,现在常用的无线传输设备采用 2400MHz 频率,传输范围有限,一般只能传输 200～300m。而大功率设备又有可能干扰正常的无线电通信,受到限制,这里就不再赘述。

(5)射频传输。射频传输方式继承了有线电视成熟的射频调制解调传输技术,并结合监控实际开发了一系列的相关产品。射频传输是用视频基带信号,对几十兆赫至几百兆赫的射频载波调幅,形成一个 8M 射频调幅波带宽的"频道"。沿用有线电视技术,在 46～800MHz 范围内可以划分成许多个 8M"频道",每一路视频调幅波占一个频道,多个频道信号通过混合器变成一路射频信号输出、传输,在传输末端再用分配器按频道数分成多路,然后由每一路的解调器选出自己的频道,解调出相应的一路视频信号输出;传输主线路是一条电缆,多路信号共用一条射频电缆,这就是目前安防行业里所介绍的"共缆""一线通"等射频传输产品;传输距离比较远,能在一条电缆中同时传输多路视频,可以双向传输。在某些摄像机分布相对集中,且集中后又需要远距离传输几千米以内的场合,应用43射频调制解调传输方式比较合理。传输上单缆/多路、单向/双向、音频/视频、控制等同时进行和兼容等,都是射频调制解调传输方式的技术特点和优势。

由于射频传输方式继承了有线电视成熟的射频调制解调传输技术,理论上和实践上都有比较成熟的产品。射频传输在安防工程中应用,技术上是成熟的,但是应用较少。

2)网络传输线路

网络传输线路的主要特点是摄像机类型是网络摄像机(也有采用视频服务器或编解码器进行网络传输的,可以采用模拟摄像机),摄像机线缆接口是RJ-45网络接口,可以通过局域网、广域网进行传输。总之,计算机可以连通的网络都可以进行网络摄像机信号传输。

网络传输从原理上彻底避免了模拟信号传输对失真度的苛刻要求,技术上也已经有了足够的传输分辨率和图像清晰度,如考虑互联网,传输距离几乎是无限的。而且谁都不否认这将是未来视频传输的主流方向。但目前就安防行业而言,技术瓶颈仍然是网络带宽和存储记录介质的容量制约,适用的传输分辨率和图像清晰度目前大多处于 CIF(352×288)分辨率的较低水平,当然目前最先进的技术可以支持到 D1(704×576)分辨率。

大多数网络摄像机支持双码流传输,即采用 Motion JPEG 和 MPEG-4 两种码流,最大程度优化图像质量和带宽资源。MPEG-4 技术图像压缩率高,需要较少的带宽,而且码流可调;Motion JPEG 技术图像清晰度高,需要更多的带宽。可根据项目的实际带宽情况进行技术调节。

2. 抗干扰技术

1)视频干扰的主要表现形式

闭路监控电视系统在不同环境、不同安装条件和不同施工人员下,由于线路、电气环境的不同,或者在施工中疏忽,容易引发各种不同的干扰。这些干扰就会通过传输线缆进入闭路电视监控系统,造成视频图像质量下降、系统控制失灵、运行不稳定等现象,直接影响到整个系统的质量。

视频干扰的主要表现形式有以下 5 种:

(1)在监视器的画面上出现一条黑杠或白杠,并且向上或向下滚动,也就是所谓的 50 Hz 工频干扰。这种干扰多半是由于前端与控制中心两个设备的接地不当引起的电位差,形成环路进入系统引起的,也有可能是由于设备本身电源性能下降引起的。

(2)图像有雪花噪点。这类干扰主要是由于传输线上信号衰减以及耦合了高频干扰所致。

(3)视频图像有重影,或者图像发白、字符抖动,或者在监视器的画面上产生若干条间距相等的竖条干扰。这是由于视频传输线或者设备之间的特性阻抗,不是 75 Ω 而导致阻抗不匹配造成的。

(4)斜纹干扰、跳动干扰、电源干扰。这种干扰的出现,轻微时不会淹没正常图像,而严重时图像扭曲无法观看。这种故障现象产生的原因较多也较复杂,比如视频传输线的质量不好,特别是屏蔽性能差,或者是由于供电系统的电源有杂波而引起的,或者是系统附近有很强的干扰源。

(5)大面积网纹干扰,也称单频干扰。这种现象主要是由于视频电缆线的芯线与屏蔽网短路、断路造成的故障,或者是由于 BNC 接头接触不良所致。

2)视频干扰的干扰源

工程中的干扰可以概括分成:①源干扰:视频信号源内部,包括电源产生的干扰。这种干扰视频源信号中已经包含干扰。②终端干扰:终端设备,包括设备电源产生的干扰。这种干扰能对输入的无干扰视频信号加入新的干扰。③传输干扰:传输过程中通过传输线缆引入的干扰,主要是电磁波干扰,包括地电位干扰类。

源干扰和终端干扰,尽管工程中也常遇到,但都属于设备本身问题,不属于工程抗干扰范畴,故不予讨论,下面主要讨论传输干扰。在视频传输过程中产生的干扰主要来源以下 4 个方面。

(1)由传输线引入的空间辐射干扰。这种干扰现象的产生,主要是因为在传输系统、系统前端或中心控制室附近有较强的、频率较高的空间辐射源。解决办法一个是在系统建立时,应对周边环境有所了解,尽量设法避开或远离辐射源;另一个办法是当无法避开辐射源时,对前端及中心设备加强屏蔽,对传输线的管路采用钢管保护并良好接地。

(2)接地干扰。因前端设备的"地"与控制室设备的"地"相对"电网地"的电位不同,即两处接地点相对电网"地"的电势差不同,则通过电源在摄像机与控制设备形成电源回路,视频电缆屏蔽层又是接地的,这样 50 Hz 的工频干扰进入矩阵或者硬盘录像机或画面处理器,产生干扰。对于此类干扰,由于很难使各处的"地"电位与"电网地"的电位差完全相同,比较有效的方法是切断形成地环流的路径,即切断地环回路的方法。由于同轴电缆过长,中间免不了有接头,如接头处理不好,屏蔽网碰到金属线槽也会产生此种干扰,因此在处理时也要注意到此种情况。

(3)电源干扰。此种干扰由于供电系统的电源不"洁净"而引起的。这里所指的电源不"洁净",是指在正常的电源上叠加有干扰信号。而这种电源上的干扰信号,多来自本电网中使用晶闸管的设备,特别是大电流、过电压的晶闸管设备,对电网的污染非常严重,这就导致了同一电网中的电源不"洁净"。这种情况解决方法比较简单,只要对整个系统采用净化电源或在线UPS供电基本上就可以解决。

(4)阻抗不匹配。指由于传输线的特性阻抗不匹配引起的故障现象。这是由于视频传输线的特性阻抗不是 75Ω 或者设备本身的特性阻抗不是 75Ω 而导致阻抗失配造成的。对于此类干扰,应尽量使系统内各设备阻抗匹配。

3)干扰的解决方案

解决抗干扰主要通过以下方法进行:

(1)"防"。对干扰设防,把干扰"拒之门外"。常见的有效措施有:①给传输线缆一个屏蔽电磁干扰的环境,这是最基本、最有效的防止干扰"入侵"的手段。将传输线缆穿镀锌铁管,走镀锌铁皮线槽,深埋地下布线等,这对于包括变电站超高压环境下安全传输视频信号都是有效的。不足之处是成本较高,不能架空布线,施工较麻烦。②采用专业电缆,采用双绝缘双屏蔽抗干扰同轴电缆,但是成本价高。③摄像机与护罩绝缘,护罩接大地,尽可能通过防雷系统或者接地系统做好接地工作。

(2)"避"。避开干扰,另选一条"传输线路",改变源信号传输方式。属于这一类的技术有光缆传输、射频、微波、数字变换等。这些传输方式都属于

"信息调制和变换"方式，或"频分方式"，它能有效避开源信号传输中 0～6MHz 频率范围的直接干扰，抗干扰效果很好。采用"避"的技术，工程中还应考虑两个问题：一是成本和复杂度的提高；二是变换损失——失真和信噪比的降低。注意不要用一个矛盾掩盖另一个矛盾。最常见的方法就是采用光端机或者网络传输的方法进行。

（3）"抗"。视频信号传输过程中，如果干扰已经"混"进视频信号中，使信噪比（指信号/干扰比）严重降低，必须采用抗干扰设备抑制干扰信号幅度，提高信噪比。目前主要技术措施有：

a. 采用传输变压器，其抑制 50/100Hz 低频干扰有一定效果，但局限性较大，通用性较差，应用面还较少。

b. "斩波"技术，原理上是吸收或衰减干扰信号频率分量，缺点是难以应付工程中千变万化的干扰频率，对于谐波分量丰富的干扰（如变频电机干扰）抑制能力较差。值得注意的是，这种办法在吸收干扰的同时，也吸收掉一部分有用信号，从而造成新的失真。

c. 视频预放大提高"信号/干扰"比（信噪比）技术。原理是：线路干扰大小是不会再变的，可以在线路前端把摄像机视频信号大幅度提升，从而提高了整个传输过程中的信噪比，在传输末端再恢复视频源信号特性，达到抑制干扰的目的。理论上、实践上这种抗干扰技术都应该是可行的、有效的，只是具体技术实现起来有一定难度。市场上有一种这类产品，确实有一定的抗干扰效果，但没有考虑线缆传输失真、放大失真的问题，没有真正解决视频信号的有效恢复问题，图像传输质量没有真正解决。目前，市面上出现了一种新的产品——"加权抗干扰器"。它同时具有抑制干扰和视频恢复双重功能，可有效抑制从 50Hz～10MHz 的广谱干扰。加权技术的成功应用，使频率越高抗干扰能力越强，进一步提高了高频干扰的抑制能力，并继承了加权视频放大专利技术高质量的视频恢复功能。

（4）"补"。补偿电缆传输和信号变换造成的视频信号传输损失，恢复视频源信号特性。电缆越长，产生干扰的概率越大，干扰幅度也越高。从视频传输角度考虑，在抗干扰的同时，必须考虑信号衰减和失真问题。对线缆引起的衰减、失真和抗干扰设备引起的附加衰减和失真，只有有效的补偿措施才能算真正的、有效的视频传输设备。

（三）本地显示系统

本地显示系统是一种将反映外界客观事物（光学的、电学的、声学的、化学的）等信息经过变换处理，以适当的形式（主要有图像、图形、数码、字符）加以显示，供人观看、分析、利用的整体技术，主要包括图像显示器（如 CRT 显示器、LCD 显示器、PDP 显示器）大屏幕投影等，这些设备成为数字视频监控系统的重要组成部分。

1.图像显示器

1）CRT 显示器

CRT（Cathode Ray Tube）显示器是图像监控系统中的图像显示装置，是终端设备。显示器的种类很多，按显示图像的颜色分为黑白显示器和彩色显示器，按功能分为专用显示器和收、监两用显示器，按使用范围分为专用型和通用型显示器。在图像监控系统中通常使用通用型显示器。

视频放大电路把全电视信号放大后去调制显像管电子束，并送给同步分离电路以分离出复合同步信号，进而分离出场同步信号和行同步信号。场同步信号去同步场振荡、场激励和场输出组成的场扫描电路；行同步信号变换为 AFC 电压后去同步行振荡、行激励和行输出组成的行扫描电路。显示器的基本原理类同于电视接收机，收、监两用显示器就是在电视机基础上发展改造而成，显示器不同于电视机的部分主要有无高频头、中频通道和伴音部分，但视频带宽提高到 8MHz 以上。

CRT 显示器的主要性能特点如下。

（1）通道视频响应：为保证图像重现的清晰程度，应用级规定频响为 8MHz，高清晰度显示器频响在 10MHz 以上。为了避免频率失真，表征频响的振幅频率特性曲线在它所包含的频率范围内应是一水平直线。

（2）通道线性波形响应：线性波形响应与通道的幅频、相频特性有关，若特性不好将出现边缘不清、拖黑尾、镶边等现象。按规定用 15kHz 方波信号测量行频方波信号响应，用 50Hz 方波信号测量场频方波响应，并规定失真不大于 5%。

（3）通道直流分量失真：监控图像信号中含有直流分量，若失去直流分量则显像管重现的图像背景亮度不能得到真实的反映。应用级失真不大于

30‰，为此显示器都设置有直流恢复电路。

（4）分辨率（Resolution）：分辨率是显示器的重要指标，它表征了显示器重现图像细节的能力，一般用线数来表示。应用级不小于 600 线，高清晰度显示器大于 800 线。视频带宽愈宽，其水平分辨率愈高，重现图像的清晰度也愈高。分辨率也用乘积表示，标明水平方向上的像素点数与垂直方向上的像素点数，如 800×600 像素、1024×768 像素等。另外还有显示面积、点距（Dot pitch）等参数。

2）液晶显示器（LCD 显示器）

1968 年，奥地利植物学家 Ereinitzer 首先发现液晶材料——胆甾醇苯甲酸酯，一种有机化合物结晶体。通常将晶态物质加热到熔点就变成透明液体。但这类物质加热到温度 $T_1 \sim T_2$ 之间，成为混浊黏稠体。它既有液体的流动性，又有晶体的光学各向异性特点，称为"液晶"态，以区别于物质的晶态、液态和气态。液晶对外加的电场、磁场、热能等刺激很灵敏。液晶本身并不发光，但它在外加电场、磁场、热的作用下，产生光密度或色彩变化，这是液晶显示器件（Liquid Crystal Display，缩写 LCD）的基本原理。

20 世纪 70 年代 LCD 应用于电子钟表、计算器字符显示。20 世纪 80 年代随着文字、图像处理设备小型化，要求显示器件薄、轻、低功耗，因而首先研制成工艺简单、成本低的简单矩阵 LCD。但其扫描电极数受到液晶材料阀值特性锐度的限制，其图像分解力只能做到 400 线左右。接着研制成每个液晶像素上设置开关元件的有源矩阵液晶显示器件，有源矩阵 LCD 克服了简单矩阵 LCD 的缺点。从原理上讲，这种 LCD 的分时扫描电极数不受限制，图像显示的对比度、亮度大为提高，可以满足视频监控图像显示的要求。

液晶器件种类很多，根据电信号转换成光信号所依据的电光效应的机理不同，可分为扭曲向列型（TN）、宾主型（GH）、电控双折射型（ECB）、相变形（PC：Phase Change）、动态散射型（DS）、热光型（TO）、电热光型（ETO）。

液晶显示的原理是利用液晶的电光效应，通过施加电压改变液晶的光学特性，造成对入射光的调制，使液晶的透射光或反射光受到所加信号电压的控制，从而达到显示的目的。因此，使用液晶显示器件时，应注意以下特点。

（1）液晶显示器件本身不发光，它必须有外来光源。这种光源可以是高照度的荧光灯、太阳光、环境光等。它不同于 CRT 和发光二极管（UD）等发光型显示器件。

（2）驱动电压低，一般为 3V 左右，驱动功率小，一般为 μW 级，所以能用 MOS 集成电路驱动。这是因为液晶材料的电阻率高（$>10^{10}\,\Omega \cdot cm$），流过液晶的电流很微小，而且液晶的各向异性物理特性，很易在外电场作用下改变分子排列而发生电光效应。

（3）液晶光学特性对信号电压响应速度慢（TN 型液晶的响应时间多达 150ms，薄膜晶体管有源矩阵的响应时间多达 80ms），所以液晶跟不上驱动电压快速上升的峰值变化，液晶只能响应驱动电压的有效值（均方根值）。所以一次扫描液晶屏不能显示图像，需多次扫描，即利用液晶的累积响应显示图像。

（4）直流电压驱动液晶屏会引起液晶分子电化学反应，缩短液晶寿命，为避免这种电化学反应，必须使用交流电压驱动液晶屏，而且交流驱动电压波形应无平均直流成分。为此，通常给液晶屏的信号电极施加逐场倒置极性的视频信号，以满足上述要求。同时行扫描电极上也加交流驱动电压。

（5）液晶显示器件是由两层透明电极之间夹薄层绝缘体的液晶组成，它与电容器的结构相似。对于驱动信号源来说，液晶器件是容性负载。

液晶器件的彩色显示方法有两种：相减混色法和相加混色法。相减混色法的原理是将青色、绛色、黄色滤色片叠在一起，只要将其中某一个滤色片变成全透明，就能获得红、绿或黄三种单色光射出。这里液晶作为控制阀门来控制其中一个滤色片变成透明，这时入射白光穿过另两个滤色片，于是出射光就成为彩色光了。但是三个滤色片重叠在一起对入射白光的吸收很大，使得液晶显示的彩色图像亮度大为降低。因此在液晶彩色电视中，通常采用嵌镶式三基色滤色片进行相加混色。

3）等离子体显示器

等离子体显示板（Plasma Display Panel，PDP）在临近 21 世纪时迅速发展。CRT 彩色显示器由于厚度和重量的弊病，随着屏幕再增大，其体积和重量难题已十分突出，因阴极超高压和笨大真空玻璃管防爆问题更为突出，很难做成平板式荧光屏。日本电子工业协会已把 CRT 显像管的最大尺寸定在 32～36in，从根本上限制了 CRT 在大屏幕领域的发展。另外用许多 CRT 拼成的大画面电视墙，由于彩管之间较粗间距产生的黑条效应，严重分割破坏了彩色图像。这些固有的缺陷已使 CRT 发展到极限。专家们认为,到 21 世纪平板显示器和电视机将逐步取代目前广泛使用的 CRT 阴极射线管,人们最终要摆脱 CRT 的约束,追求大屏幕的平面显示器。

等离子体显示板 PDP 的工作原理与荧光灯一样,是利用惰性气体放电产生的紫外线再激发红绿蓝荧光粉发光的平面显示器件。PDP 可分为交流型(AC - PDP)和直流型(DC - PDP)两大类,它们各有优缺点。PDP 是目前平板显示器中实际能达到的显示尺寸最大的一种,单色 PDP 样机已做到对角线尺寸达 1.5m(60in),分辨率达 2048×2048 像素,是任何 CRT、LCD 等都无法比拟的。

2. 大屏幕投影系统

投影机从采用的成像技术分类,有 CRT 技术、LCD 技术和 DLP 技术三种;从光路特性上分类,投影机主要有透射式(Transmitting)和反射式(Reflecting)两种;从接收信号上分类,投影机主要有视频投影机、数据投影机和图形投影机三种。

数据、图形投影机都有视频信号接口,通常称作多扫描仪投影机,也有称多媒体投影机的。数据级以上的投影机有液晶 LCD 投影机、CRT 管投影机、液晶光阀投影机(LCLV,Liquid Crystal Light Valve)和全新的数字光处理投影机(Date Light Processing Projector)。

1) CRT 投影机

CRT 投影机也称 RGB 三枪投影机,其成像器件为 CRT 管。构成图像的三基色(红、绿、蓝)信号分别在红、绿、蓝三个 CRT 管上扫描成图像,并经过透镜在大屏幕上会聚成彩色图像。CRT 投影机具有以下功能指标,选型时应当注意。

(1)频率。频率指行扫描频率和场扫描频率,场频一般为 40～150Hz。现在数据和图形 CRT 投影机都是多扫描频率的,最低行频为 15kHz,最高行频直接决定投影机实际的最高工作分辨率,是一个重要的技术参数指标。

目前大多数 CRT 投影机均为行扫描自动跟踪投影机(如 NEC6200、SONY1272)。计算机档次越高,对投影机的扫描性能要求越高,而能否显示出图像则由行扫描频率范围确定。信号源频率变化在投影机扫描频率内的都能显示出来,但能否清晰显示图像则由投影机的带宽和 CRT 管的分辨率确定。

(2)聚焦机制。RT 管的聚焦(Focus)机制有静电聚焦、硅聚焦和电磁复合聚焦三种。静电聚焦是由 CRT 管内的正负电极来控制电子束的聚焦的。电极电压可以用电位器调节,但当亮度变化时,需用电位器调整电极电压才能控制聚焦强度,多路信号、多种亮度变化的信号源会造成散焦,无法达到高亮度、高清晰度的显示要求。磁聚焦改变了不能自动变化的电子聚焦后的电压调节,而改用变化的磁场来控制聚焦强度,使磁强度根据电子束的强弱自动变化,达到控制多路信号源、多种亮度显示的要求。

目前最先进的投影机均采用电磁复合聚焦技术,这种投影机能将不同信号源的各种亮度标尺和实际供给 CRT 管的聚焦强度存储起来以供调用,既能自动聚焦,又能遥控聚焦,特别适合于背投方式的投影。

(3)会聚。聚是指 RGB 三色在屏幕上的混合,方式有动态和静态两种。动态会聚是指改变某种颜色图形的形态、几何尺寸等,以便与其他颜色更好地重叠,静态会聚则是对某种颜色整体上下左右的移动。完成会聚有三种方法:数字信号、模拟信号和数模信号。模拟会聚需在投影机上完成,而数字会聚可通过遥控来实现。

(4)亮度。以前所用 CRT 投影机的亮度有几种单位,勒克司(Lux)、流明和安萨流明(ANSI Lumen)。实际应用中用非常准确的方法测试投影机的亮度值是非常困难的。对于 CRT 管的投影机来说,电磁复合聚焦的投影机亮度最高,且管径越大,亮度越高;同一管径的投影机,其所加电压越高,亮度越高(如 34kV 的比 32kV 的亮度高)。但所加电压越高,所需保护技术和聚焦技术难度越大,成本越高,故障率也高,并且影响 CRT 管的寿命,特别影响蓝管的寿命,造成投影机偏色。目前国内大多数 CRT 投影机的高压都在 32kV 左右,使投影机的亮度和 CRT 管的寿命都有所提高。

(5)RGB 分辨率。投影机 RGB 分辨率的高低会直接影响投影效果。分辨率主要取决于投影机的 RGB 带宽、扫描频率和信号源带宽。如某型投影机的标称分辨率为 1500×1200 像素,带宽为 40MHz,行频为 15～61kHz,这样后两个指标就已经决定了投影机的分辨率只有隔行 1280×1024 像素。从理论上讲,计算机信号的频带是无限宽的,但信号强度主要集中在主频范围内,所以把频谱能量下降 3dB 时的频带宽度作为信号的频带宽度。这就要求投影机的频带宽度大于信号的 3dB 带宽,才能基本显示出清晰的图像。当然,投影机的带宽越宽,信号通过频谱分量越多,色彩越丰富,清晰程度越好,而带宽不够则会造成图像变暗、色彩失真、层次不清等。

CRT 投影机具有高清晰度、高分辨率、色彩丰富、成像色彩还原逼真、适应性强、适应的信号频率带宽很宽、寿命长等特点,可连续 24 小时不间断工作。尤其是其丰富的调整图形失真的能力、较强的多台投影机亮度一致性调整能力,使 CRT 投影机成为大屏幕投影墙基本显示单元的首选机型。这些特点都是其他显示方式无法相比的。

CRT 投影机可直接连接所有视频信号源,如录像机、摄像机、VCD、LD影碟机、视频展示台等,还可直接连接各种数据图形信号源,如 PC 机、Macintosh机、图形板和 SUN、SGI 工作站等。

CRT 投影机也有其致命弱点,首先,由于受电子束能量转换光能的限制,亮度低;其次,调整复杂,需安装人员完成;最后,机身巨大笨重,无法携带,只适合固定场合应用。现在 CRT 投影机主要用于需提高分辨率、长时间连续工作和逼真色彩还原的特殊行业或领域,如军事指挥、工业监控、大型拼接工程、高档娱乐场所、高档会议室等。

2) LCD 投影机

LCD 投影机的成像器件是液晶板。现在投影机所采用的主要是 TFT方式中的 Poly silicon 多晶硅液晶,这是由于多晶硅液晶体积小、透光性高、耐高温,非常适合于 LCD 投影机使用。LCD 投影机从 20 世纪 90 年代开始进入市场,发展迅猛,很快就成为业界霸主。光源是金属卤素灯,通过分光镜形成三束光,分别透射过红、绿、蓝三块液晶板,再经过光学镜头,形成大屏幕图像。

LCD 投影机具有以下特点。

(1)高亮度。由于 LCD 透光性、光学系统以及灯源技术的不断发展,LCD 投影机的亮度不断创出新高,从 1993 年进入市场时的 150ANSI 流明发展到 2500ANSI 流明,而且主流机种亮度都在 800～1500ANSI 流明,可满足大部分用户需要。

(2)重量轻。LCD 投影机的重量在 3.5～15kg,体积纤巧,便于携带,也可固定安装。

（3）安装方便。由于 LCD 投影机的 RGB 光线在投影机内已精确会聚，安装时只须调好焦距即可得到清晰的图像，而与操作和使用家电的难易度差不多，适合广大用户的使用水平。灯源的更换可由用户自行完成。

（4）价廉物美。与 CRT 方式的投影机相比，LCD 投影机的价格优势十分明显，只是其 1/4 或 1/5。

（5）缺点。LCD 投影机受灯源和散热限制，不能长时间连续工作。

3）DLP 投影机

DLP 是 Digital Light Processing 的缩写，是一种全新的投影新技术，有数位光线处理投影显示系统、数码光输投影机、数字光处理投影机、全数码投影机等译法。DLP 投影机以数据微反射器件 DMD（Digital Micro mirror Device）作为光阀成像器件，采用数字光处理技术（DLP）调制视频信号。驱动 DMD 光路系统，通过投影镜头获取大屏幕图像。DLP 投影机根据采用 DMD 芯片的数量可合成单片机、二片机和三片机，市场上出现的主要是单片机。

DLP 投影机具有以下特点。

（1）图像质量明显提高。由于采用全数字技术，从本质上能克服外来噪音干扰，并有 256～1024 级灰度、2563～10243 种颜色，色彩还原性好，图像质量稳定。

（2）光效率远远高于液晶投影机。由于采用反射式 DMD 器件，光效率远比采用透射式的 LCD 液晶投影机高得多，总光效率达 60％以上，而 LCD 投影机总光效率充其量也不超过 20％。

（3）DMD 能产生无缝高品质图像。由于 DMD 的微镜片间的紧密排列，有 90％以上的 DMD 面积都是反射光线的有效面积，使得像素和像素之间几乎没有间隙，不像 LCD 投影机像素与像素之间有明显的痕迹而影响图像品质。

（4）DLP 技术也存在一些不足。单片机由于采用调色轮进行色彩还原，其还原质量特别是色彩饱和度（Color Saturation）还有待改善，与相同性能的 LCD 投影机相比，DLP 投影机的价格要高数万元。

4）液晶光阀投影机

这是一种采用液晶光阀技术的新型光学投影机。其成像器件有液晶板和 CRT 管，其共同之处是在成像元件前有固态图像光放大器，图像在经过光学镜头形成超高亮度、超高对比度、超高分辨率的高质量画面。它的亮度比任何一种投影机都高，最高可达 6000ANSI 流明，分辨率也可达到 2400×2000 像素。目前这种投影机价格颇高，估计在今后一段时间内价格不会降低太多。这种机型是为多观众、强光环境设计的高性能投影系统，可用于高级会议室、现代化控制指挥中心、重要的模拟中心和娱乐场所。

5）投影幕

对应不同的投影方式，应选择与其相适应的屏幕。屏幕选择是否合适将直接影响投影画面的质量。屏幕分为正面投影屏幕和背面投影屏幕两大类。正投屏幕不受尺寸的限制，但受环境光的影响较大；背投屏幕画面整体感较强，不受环境光的影响，能正确反映信息质量，故画面色彩艳丽、形态逼真。背投屏幕目前最大能做到 200in。

背投屏幕（Rear Projection Screens）是背投式投影演示系统的核心。目前背投屏幕主要有两大类：散射膜式和光学透镜式。散射膜式背投屏幕是将一种散射成像介质粘合在玻璃或丙烯酸材料的透明基层上而构成的。这种背投屏幕成像清晰度高，屏幕尺寸大，光增益为 1.0～2.5，其成像是散射式的，其水平视角和垂直视角基本相同，特别适合于阶梯状等观看视角较大的场合使用。

衡量背投屏幕的技术指标主要有亮度增益、水平视角、垂直视角、亮度均匀性、色彩还原性、太阳效应等。背投屏幕的亮度增益会随着观看者视角变化而改变，视角越小，增益越大。

由此可知，选择背投屏幕应根据用户的使用环境要求来决定。对仰视角和水平视角都要求较高的环境应选择散射式背投屏幕，如阶梯形使用场合或 3×N 以上的多台拼接的背投系统；而对仰视角要求不高，对亮度要求较高、水平视角要求较大的使用场合应选择光学透镜式背投屏幕。就背投演示系统而言，其使用环境为非阶梯状环境，且对亮度要求较高，对水平视角要求较大。

6）投影机选择及注意事项

为方便购买和挑选投影机产品，用户在选择投影机前，应先根据投影机的使用目的确定投影机的选型及其配套设备。例如用于实时动态监控与用于演示培训的投影系统,对于投影机整体的性能要求就存在很大的差别。

投影机自问世以来发展至今已形成几大系列:便携式液晶投影机、CRT 管(三枪)投影机、DLP 数码光输投影机、超高亮度液晶(光阀)投影机。每种投影机都有其特点,用户可根据其特点选择合适的机型。

(1)液晶板类型与投影机性能。晶板是 LCD 液晶投影机的成像部件,是液晶投影机的心脏。液晶板的类型直接关系到液晶投影机的综合性能的好坏。传统液晶投影机采用的是 Active Matrix TFT(动态薄膜晶体板)。新一代液晶投影机已开始采用 Poly Silicon TFT(多晶硅有源矩阵薄膜液晶板)。这种液晶板的尺寸只有传统液晶板尺寸的 1/3,而且由于采用了多晶硅技术,使液晶体均匀性、透光率、分辨率都有了很大的提高,投影机的整体性能也随之有了较大的提高。

(2)分辨率。投影机的分辨率(Resolution)是与所连接的电脑密不可分的。电脑分辨率大致有以下几种标准:VGA(640×480 像素)、SVGA(800×600 像素)、XGA(1024×768 像素)、SXGA(1280×1024 像素)、UXGA(1600×1200 像素)等。

现在一般商用台式电脑的标准为 XGA,笔记本电脑为 SVGA,而在一些电脑教学的场所还在使用 VGA,其中 SVGA、XGA 是市场主流。由于使用投影机的用户大多也同时使用笔记本电脑,而投影机的大幅画面多以文字图表为主,SVGA 满足普通场所使用要求,所以 SVGA 占市场绝大多数。

(3)亮度。投影机的亮度(Brightness)单位有三种:ANSI 流明、流明(Lumen)、勒克斯(Lux)。ANSI 流明亮度是由均匀分布于测试屏幕画面上的 9 个测点亮度平均值得出,因能准确反映出投影机在正常工作状态下的亮度,现已基本统一采用 ANSI 流明这种单位。

亮度是投影机最为关键的性能指标,它直接关系到观看者是否能清晰辨认屏幕上的图形文字,但盲目追求高亮度也无必要。

(4)对比度。对比度(Contrast Ratio)反映的是投影机所投影出画面最亮与最暗区域之比,对比度对视觉效果的影响仅次于亮度指标。一般来说,对比度越大,图像越清晰。同样亮度条件下对比度为 300∶1 的投影机就要比 200∶1 的投影机的视觉效果要好。

投影机的实际视觉亮度感并不完全取决于投影机的亮度指标,它还与饱和度、色调有着极大的关系。饱和度可以调节颜色密度,加强饱和度使颜色较深和不透明;降低饱和度使颜色较浅和较透明。一些投影机不仅具有较好的亮度性能,同时其对比度、饱和度也较好,这些投影机的视觉亮度效果比具有同样甚至更高亮度指标的其他投影机就具有更好的图像效果,也显得更亮丽。因此,在选择投影机时不能单独只看其亮度指标,必须将亮度指标与对比度、饱和度、色调进行综合考察。

(5)均匀度。任何投影机投影出的画面都会有中心区域与四角的亮度不同的现象。均匀度(Uniformity)就是反映边缘亮度与中心亮度的比值,均匀度越高,画面的均匀一致性越好,其中,投影机的光学镜头起关键作用。

(6)投影机图像色彩与液晶板彩色还原度、重合度。晶板是利用分色和偏光原理成像的,任何一种液晶板在成像过程中都会不同程度地造成色彩失真和偏色。通过标准调色板或标准色彩发生器可对液晶板彩色还原度进行测量。目前的液晶投影机中 SHARP 系列彩色还原性最好,基本不存在色彩失真和偏色现象。

液晶板三色重合度是指 R、G、B 三块液晶板进行分色偏光成像后通过反射透镜在投影屏幕上成像时其相位(像素点)的重合程度。投影机的光路设计及制造工艺都会影响液晶板三色重合度。也有一些投影机在设计及制造工艺上不够完善,存在着较为严重的液晶板三色偏离现象,这种现象突出地表现为投影机投射的文字信号其边缘 R、G、B 三色模糊不清。

(7)灯泡寿命。LCD、DLP 和 LCLV 投影机都有外光源,其寿命直接关系到投影机的使用成本,所以在购买时一定要清楚灯泡寿命和更换成本。LCD 投影机的灯泡成本平均为 1 元。另外灯泡的发光效率越高越好,即单位功率实现的亮度。

(四)本地控制系统

本地控制系统是相对远程控制系统而言,指设置在本地监控中心端的设备,主要包括控制部分、显示部分、录像及存储部分。本地控制系统在传统的闭路电视监控系统中处于重要的位置,直接决定了监控系统建设的效果和质量。

1.控制部分

控制部分主要包括对摄像机监控的音频、视频,以及控制信号的控制、切换和传输,主要设备包括云镜控制器、手动视频控制器、顺序视频切换器、矩阵切换控制主机、画面处理(分割)器、编解码器和视频服务器。

(1)单纯型的云台、镜头及防护罩控制器。其功能是仅仅实现对单台或多台云台执行旋转、上下俯仰、对云台上的摄像机镜头控制聚焦、光圈调整及变焦变倍功能,较复杂的装置还可对云台上的防护罩作加热、除霜等控制。云镜控制器在早期的模拟系统中使用较多,在矩阵控制主机及画面处理器出现之后就逐渐被淘汰,现在已经很难见到了。

(2)手动视频切换器。它是视频切换器中最简单的一种,该装置上有若干按键,用以对单一监视器输出显示所选择的某台摄像机图像。手动切换比较经济可靠,可将4~16路视频输入切换到一台监视器上输出。其缺点是使用这种类型切换器对摄像机进行手动切换时,监视器上会出现垂直翻转和滚动,直至监视器确定有输入摄像机的垂直同步脉冲后才会消失。目前已经被淘汰。

(3)顺序视频切换器。多路视频信号要送到同一处监控,可以一路视频对应一台监视器。但监视器占地面积大,价格贵,如果不要求时刻监控,可以在监控室增设一台切换器,把摄像机输出信号接到切换器的输入端,切换器的输出端接监视器。切换器的输入端分为2、4、6、8、12、16,切换器有手动切换、自动切换两种工作方式。手动方式是想看哪一路就把开关拨到哪一路;自动方式是让预设的视频按顺序延时切换,切换时间可以通过一个旋钮调节,一般在1~35s之间。切换器的价格便宜,连接简单,操作方便,但在一个时间段内只能看输入中的一个图像。要在一台监视器上同时观看多个摄像机图像,就需要用画面分割器,目前已经被画面处理器淘汰。

(4)视频矩阵切换与控制主机。视频矩阵切换,就是可以选择任意一台摄像机的图像或者音频在任一指定的监视器上输出显示,犹如 M 台摄像机和 N 台监视器构成的 M×N 矩阵一般,根据应用需要和装置中模板数量的多少,矩阵切换系统可大可小,小型系统是 4×1,大型系统可以达到 3200×256 或更大。体育场馆的视频监控系统中存在多点分布与集中监控的矛盾,不适合采用一对一的监视。一般采用一对多的监控,即一台监视器对应多台摄像机,用足够少的监视设备实现多点监控。

在以视频矩阵切换与控制主机为核心的系统中,每台摄像机的图像需要经过单独的同轴电缆传送到切换与控制主机;对云台与镜头的控制,则一般由主机经由双绞线或者多芯电缆先送至解码器,由解码器先对传来的信号进行译码,即确定执行何种控制动作。

(5)画面处理器和画面分割器。原则上,录制一路视频信号最好的方式是 1 对 1,也就是用一个录影机录取单一摄影机摄取的画面,每秒录 30 个画面,不经任何压缩,解析度愈高愈好。但如果需要同时监控很多场所,用一对一方式会使系统庞大、设备数量多、耗材及人力管理上费用大幅度提高,为解决上述问题,画面处理器应运而生。画面处理器为最大程度地简化系统,提高系统运转效率,一般用一台监视器显示多路摄像机图像,或一台录像机记录多台摄像机信号的装置。

画面处理设备可分为画面分割器和画面处理器两大类。

画面分割器是将多个视频信号同时进行数字化处理,经像素压缩法将每个单一画面压缩成 1/4(1/9、1/16)画面大小,分别放置于信号中 1/4(1/9、1/16)的位置,在监视器上组合成分割画面显示。荧幕被分成多个画面,录影机(传统的磁带录像机 VCR)同时实时地录取多个画面。VCR 将它视为一个单一的画面来处理。这种方式只有编码的处理程序,在回放时不须经过解码器,虽然有很多分割允许画面在回放时以全画面回送,但这只是电子放大,即把 1/4 画面放大成单画面,因四分割播放全部的动作,故会牺牲掉画面的解析度及品质。

画面处理器(Multiplexers,多工处理器)也称为图框压缩处理器,是按图像最小单位——场或帧,即 1/60s(场切换)或 1/30s(帧切换)的图像时间依序编码个别处理,按摄像机的顺序依次录在磁带上,编上识别码,录像回放时取出相同识别码的图像集中存放在相应图像存储器上,再进行像素压缩后送给监视器以多画面方式显示。这种技术让录影机依序录下每台摄影机输入的画面。每个图框都是全画面(若系统只单取一个图场,其解析度就会缩减成一半),故在画质上不会有损失。然而画面的更新速率却被摄影机的数量瓜分了,所以会有画面延迟的现象。当使用多工处理器时,每秒钟可录下来的图框数会减少。

(6)编解码器和视频服务器。传统的模拟摄像机不通过同轴电缆进行图像传输而需要通过网络传输时,需要通过编解码器或视频服务器进行传输。

编码器(Encoder)和解码器(Decoder)合称编解码器,是将音频或视频信号在模拟格式和数字格式之间转换的硬件设备、压缩和解压缩音频或视频的硬件或软件(压缩/解压缩);或是编码器/解码器和压缩/解压缩的组合。通常,编码解码器能够压缩未压缩的数字数据,以减少内存使用量。

视频服务器(Video Server)是一种对模拟摄像机视音频数据进行压缩、存储及处理的专用硬件编码器,是编码器的一种,故有时也被称为编码器。它在体育场馆闭路电视监控系统中被广泛应用。从某种角度上说,视频服务器可以看作是不带镜头的网络摄像机,或是不带硬盘的硬盘录像机,它的结构大体上与网络摄像机相似,是由一个或多个模拟视频输入口、图像数字处理器、压缩芯片和一个具有网络连接功能的服务器所构成。视频服务器将输入的模拟视频信号数字化处理后,以数字信号的模式传送至网络上,从而实现远程实时监控的目的。由于视频服务器将模拟摄像机成功地"转化"为网络摄像机,因此它也是网络监控系统与当前模拟监控系统进行整合的最佳途径。网络摄像机就相当于内置视频服务器的模拟摄像机。

2.显示部分

显示部分用来显示摄像机拍摄的图像。显示设备的好坏直接影响监控的最终效果。显示部分主要由监视器、显示器、电视墙、操作台等组成。

(1)监视器工作原理。显示图像形成的工作原理是,影像信号输入监视器(Monitor)后,监视器必须将复合信号(Composite Signal)给予分离并解码。主要分离出 R、G、B(红、绿、蓝)三原色信号与 H(水平)、V(垂直)两个同步信号。红、绿、蓝三原色信号经过解码后,加以放大以便推动 CRT 的阴极释放出电子束。此电子束经过屏幕后撞击荧光,而产生亮点。水平与垂直两个同步信号则分别经过放大处理,以使监视器的偏向线圈产生扫描电流,此电流所产生的磁力带动电子束的运行方向,如此配合就是所看到的影像画面。这个就是 CRT 监视器的原理,它与电视机相类似。

(2)设计和选用电视墙。目前主流的应用是采用 CRT 监视器(类似于电视机)组成电视墙,可以组成从 2×2,2×3,2×4,2×5,2×6,3×2,3×3,3×4,3×5,3×6 甚至更大的电视墙。如果监视器太多,值班人员可能会看不过来,故不建议把电视墙的监视器数量做得太多,建议采用 16 分割画面显示监控图像,有条件的可以采用 9 分割或者 4 分割显示。

随着液晶、等离子、DLP 大屏等显示器技术的进步和成本的降低,传统的监视器已经逐渐被取代(但是还没有淘汰),可以适当地选用部分其他显示器弥补传统监视器的不足,如等离子拼接屏或者 DLP 拼接屏。当然也可以用液晶显示器(专业监控用显示器)组成电视墙,具体取决于项目的实际需要。

3. 录像及存储

(1)录像系统。闭路电视监控系统常用的录像机包括模拟磁带录像机和数字硬盘录像机两种。

磁带录像机(Video Cassette Recorder,VCR)即模拟视频磁带录像机,采用传统的模拟视频进行直接录像,不需要额外压缩和转换,采用磁带录像。磁带录像机早期多用于电视节目制作、视频录制和家庭视频图像的录制和放映,后逐渐被引入监控系统。随着硬盘录像机的技术发展和成本的不断下降,磁带录像机逐渐被淘汰,毕竟磁带录像操作麻烦、保存麻烦、录像时间也特别短。

硬盘录像机(Digital Video Recorder,DVR)即数字视频录像机,相对于传统的模拟视频录像机,它采用硬盘录像。它是一套进行图像存储处理的计算机系统,具有对图像、语音进行长时间录像、录音、远程监视和控制的功能。DVR 集合了录像机、画面分割器、云台镜头控制、报警控制、网络传输 5 种功能于一身,用一台设备就能取代模拟监控系统一大堆设备的功能,而且在价格上也逐渐占有优势。DVR 采用的是数字记录技术,在图像处理、图像储存、检索、备份,以及网络传递、远程控制等方面也远远优于模拟监控设备,DVR 代表了电视监控系统的发展方向,是目前市面上电视监控系统的首选产品。

硬盘录像机的主要功能包括监视、录像、回放、报警、控制、网络、密码授权功能和工作时间表功能等。

(2)存储系统。监控系统主要用作事后查询和分析图像之用,故存储属于重要的组成部分,如何准确合理地选用存储系统,事关存储的质量、时间和系统的建造成本。存储系统根据服务器类型分为封闭系统的存储和开放系统的存储。封闭系统主要指大型机;开放系统指基于包括 Windows、UNIX、Linux 等操作系统的服务器。开放系统的存储分为内置存储和外挂存储:内置存储是指硬盘录像机本身自带的存储容量,一般的硬盘录像机最大都可以支持 4 个 IDE 口的存储,可连接最大 8 块 750GB 的硬盘(每个 IDE 接口理论容量最大可支持 2000GB 硬盘);外挂存储根据连接的方式分为直连式存储(Direct Attached Storage,DAS)和网络化存储(Fabric Attached Storage,FAS)。开放系统的网络化存储根据传输协议又分为网络接入存储(Network Attached Storage,NAS)和存储区域网络(Storage Area Network,SAN)。

目前大部分监控系统的用户还是使用内置存储系统,在需要长时间录像的时候才考虑外挂存储系统。但随着硬盘单位成本的下降和技术的发展,大存储的容量必将成为未来监控系统发展的趋势。

(五)远程传输系统

相对于本地传输系统而言,远程传输系统不通过传统的同轴电缆、控制电缆传输图像信号,而采用远距离网络进行传输,通常情况下与远程传输系统相对应的是远程控制中心。远程控制中心多设在较远的地方,从本地控制中心到远程控制中心不方便通过传统的方式由业主布线,即使可以布线,但是成本很昂贵,故采用现有的电信网络进行传输。

常见的远距离传输系统就是互联网,主要包括电话线传输、E1 线路传输、DDN 传输、ISDN 传输和卫星传输。

1.电话线传输

常见的长距离传输视频的方法是利用现有的电话线路。由于电话的安装和普及,电话线路分布到各个地区,构成了现成的传输网络。电话线传输系统就是利用现有的网络,在发送端加一个发射机,在监控端加一个接收机,不需要电脑,通过调制解调器与电话线相连,这样就构成了一个传输系统。由于电话线路带宽限制和视频图像数据量大的矛盾,传输到终端的图像都不连续,而且分辨率越高,帧与帧之间的间隔就越长;反之,如果想取得相对连续的图像,就必然以牺牲清晰度为代价。

2.E1 线路传输

E1 有成帧、成复帧与不成帧 3 种方式。在成帧的 E1 中,第 0 时隙用于传输帧同步数据,其余 31 个时隙可以用于传输有效数据;在成复帧的 E1 中,除了第 0 时隙外,第 16 时隙是用于传输信令的,只有第 1~15,第 17~31 共 30 个时隙可用于传输有效数据;而在不成帧的 E1 中,所有 32 个时隙都可用于传输有效数据。

3. DDN 传输

DDN 是利用数字通道提供半永久性连接电路,以传输数据信号为主的数字传输网络。它主要提供中、高速率,高质量点到点和点到多点的数字专用链路,以便向用户提供租用电路业务。其线路可提供 VPN 业务,邮电部门已在全国范围内建成并开放了 DDN 业务,通信带宽为 64k~2.0478M(E1)。如果用户没有自备的远程数据通信网,可以向当地邮电部门申请 DDN 业务。采用该方式时,用户可以根据自己的要求申请带宽,视频终端可采用 G.703 或 V.35 口将多媒体业务接入 DDN 网。

4. ISDN 传输

ISDN 的信道类型分为信息信道与控制信道。信息信道又包括 B 信道与 H 信道;控制信道为 D 信道。B 信道用于传送各种语音、数据或位流图像;H 信道用于传输高速率数据或高位流图像;D 信道用于传递控制信号以控制 B 信道(H 信道)的呼叫,有时 D 信道也可用于传输低速数据。

ISDN 用户/网络接口有基本速率接口(BRI)和基群速率接口(PR1)两种结构。基本速率接口是将现有电话网中的普通用户线作为 ISDN 的用户线而规定的接口,它由 2 个 B 和 1 个 D 信道组成,成为 2B+D 口;基群速率接口则是由 30 个 B 信道和 1 个 D 信道组成,成为 30B+D 口,相当于 1 个 E1口。ISDN 的接口可以通过专用的 ISDN 通信卡将视频多媒体监控终端接入。

5. 卫星传输

卫星传输系统覆盖地域广,施工量少,是其他传输系统无法替代的,特别是对移动的 VSAT 站,具有机动性,是军队国防部门通信的重要手段。卫星甚小口径地面站也是偏远地区的主要通信手段,一般用户可以向卫星运营公司租用卫星线路,如将 64kbit/s 串行数据转换为 V.35 接口建立视频连接。

(六)远程控制系统

远程控制系统相对于本地控制系统而言,主要指设置在远程监控中心端的设备,主要包括控制部分、显示部分、录像及存储部分。不同于本地控制系统,远程控制系统视频信号是通过网络传输过来的,受带宽影响不可能处理所有的视频信息,故显示部分不能显示所有的摄像机图像、存储系统也不能存储所有的录像资料。

1. 控制部分

远程控制系统的控制部分不同于本地,主要是通过网络控制前端的摄像机、矩阵、硬盘录像机和编解码器等设备。常见的方式是通过安装在相应的硬件服务器的控制软件实现。常见的控制软硬件包括视频管理主服务器、流媒体服务器、电视墙服务器、集中存储服务器、报警服务模块、Web 服务器、数据采集终端、前端监控端、主控终端、分控终端和远程用户等。

流媒体服务器提供多用户并发访问同一路视频的流媒体服务,可有效提高带宽的利用率;电视墙服务器用来在远程端构建一个传统的模拟电视墙或者数字电视墙;Web 服务器可以提供多标准的 Web 服务,用户通过浏览器即可远程访问监控系统的视频图像;数据采集终端用来远程采集前端的音视频信号,然后传送给远程中心;前端监控端、主控终端、分控终端都是用来监视整套系统运行效果的控制部分,制式授权的权利不一样;远程用户是指用户通过远程的互联网就可以访问前端的音、视频信号。

通过先进的控制软件能够实现传统的矩阵控制系统和电视墙一样的功能,即实现虚拟矩阵系统和电视墙显示系统。

2. 显示部分

远程控制中心的显示部分和传统的显示部分大同小异,也可以组成传统的模拟电视墙,或者新型的数字电视墙,或者大屏幕拼接系统。

3. 录像及存储部分

受限于带宽,目前的远程控制中心尚无法做到把前端所有的摄像机音视频信号上传。一般来讲,一条标准的 2Mbit/s 宽带最多传输 4 路摄像机的图像,如果超过 4 路则只能根据需要上传。故远程控制中心的录像及存储要求没有本地系统那么严格,只需要将需要的摄像机视频(通常是报警联动或者手动设置录像)录制及保存即可,实现的方法同本地系统。

第二节　门禁系统

一、门禁系统概述

门禁系统（Access Control System）又称为出入管理控制系统，是安全防范管理系统的重要组成部分。门禁系统集自动识别技术和安全管理措施于一体，涉及电子、机械、生物识别、光学、计算机、控制、通信等技术，主要解决出入口安全防范管理的问题，实现对人、物的出入控制和管理功能。常见的门禁系统有独立式密码门禁系统、非接触卡式门禁系统和生物识别门禁系统，目前主流的门禁系统是非接触卡式门禁系统。

典型的联网门禁系统由门禁服务器、门禁管理软件、控制器、接口模块、读卡器、卡片、电锁、出门按钮、紧急玻璃破碎器和蜂鸣器等设备组成。

门禁系统在国内外的应用是有一定区别的，门禁系统最早出现在国外，技术发展比较成熟，通常都是联网的总线式门禁系统，包含考勤、在线巡更功能，可以集成报警系统，能够和闭路监控电视系统进行联动；而国内的门禁系统一般被归入一卡通系统建设，通常包括门禁系统、考勤系统、巡更系统（在线式或离线式）、消费系统和停车场管理系统，这个范围比国外的门禁系统大，功能相对简单一些。

二、门禁系统的组成

门禁系统由门禁点设备、门禁控制器、本地传输系统、门禁系统服务器、远程传输系统和中央管理系统组成。

1.门禁点设备

门禁点设备是指安装在门禁控制点的设备，主要包括读卡器、门锁、门磁、出门按钮、紧急玻璃破碎器、接口模块、逃生装置、闭门器、地弹簧、报警输入输出模块和报警探头等设备。

门禁点设备在入口主要包括读卡器和门锁。读卡器的安装高度一般为1200mm或与强电开关等高。锁的类型取决于门的类型，门的类型常见的是无框玻璃门（办公室应用最多）和木门。无框玻璃门适合采用电插锁和磁力锁,木门可采用的锁的类型比较多。

门禁点设备在出口主要包括出门按钮、紧急玻璃破碎器、蜂鸣器、红外出门请求器和门禁接口模块、电源等设备。

(1)读卡器。常见的读卡器分为密码键盘、磁条读卡器、ID卡读卡器、IC卡读写器、指纹读卡器和掌纹读卡器等,在门禁系统中应用最多的是密码键盘、ID卡读卡器、IC卡读写器和指纹读卡器。

密码键盘是最简单的门禁系统,不需要单独配置控制器,通过密码就可以打开门,可以外接门铃系统,但安全性较差。

磁条读卡器多应用于银行的ATM提款室,可以识别各种磁条,在门禁系统中应用较少,目前也有卡式读卡器集成磁条读卡器。

ID卡读卡器的工作频率范围为30~300kHz,典型工作频率有125kHz和133kHz两种。读卡距离通常在10cm左右,可以输出标准的韦根格式信号。读卡器只能读不能写,分为带键盘和不带键盘两种。

IC卡读写器的工作频率一般为3~30MHz,典型工作频率为13.56MHz。读卡距离也在10cm左右,可以输出标准的韦根格式信号。IC卡读写器可以读写,可以应用于消费系统、公交系统、计费系统,也分为带键盘和不带键盘两种。

指纹读卡器(也称为指纹仪)是采用生物识别技术的读卡器,主要采用指纹对持卡人进行识别。指纹读卡器多集成键盘或卡式读卡器(ID和IC卡读卡器)或二者兼有,集成键盘和卡式读卡器的目的是为了实现1:1或者1:$n(n<10)$的匹配,即识别唯一指定的持卡人(即输入的ID号或者卡号对应的持卡人)。指纹读卡器也可以输出标准的韦根格式信号,可以应用于门禁系统。

掌纹读卡器(也称为掌纹仪)也是采用生物识别技术的读卡器,主要采用掌纹对持卡人进行识别。掌纹读卡器多集成键盘或卡式读卡器或二者兼有,集成键盘和卡式读卡器的目的是为了实现1:1或者1:$n(n<10)$的匹配,即识别唯一指定的持卡人(即输入的ID号或者卡号对应的持卡人)。掌纹读卡器也可以输出标准的韦根格式信号,可以应用于门禁系统。

ID卡读卡器、IC卡读写器、指纹读卡器和掌纹读卡器应用于门禁系统均采用标准的韦根通信方式,遵循韦根的接线方式。

（2）门锁。门禁系统采用的门锁属于电控门锁类型。电控门锁按工作原理的不同,基本可分为电控磁力门锁、电控阴极门锁、电控阳极门锁和电控执手门锁等类型。

电控磁力门锁又称为电磁门吸,适用于各类平开门,可以是木门、金属门、玻璃门等。电控磁力门锁由电磁体(门锁主体结构部分)和衔铁两部分组成,通过对电磁体部分的通电控制实现对门开启的控制。其中电磁体部分安装在门框上,衔铁安装在门上,具体位置可根据需要确定,一般安装在门框处。电控磁力门锁根据受力方向不同,可分为直吸式磁力锁和剪力锁。电控磁力门锁按门的不同又可以分为标准型(单门磁力锁)、双门磁力锁和室外大门磁力锁。

电控阴极门锁又称为电控锁扣,适用于单门单向平开门,可以是木门、金属门、玻璃门等。电控阴极门锁可与逃生装置、插芯锁、筒型锁配套使用。电控阴极门锁安装在门框内,承担普通机械锁扣的角色,当电锁扣上锁时,锁舌扣在锁扣内,门关闭;当锁扣开锁时,锁舌可以自由出入锁扣,门打开。电控阴极门锁一般用于门禁系统,受门禁系统的控制,安装时受控的锁扣位于门框内,较容易布线。

电控门锁根据使用情况可以分为阳极锁、橱柜锁、电控插芯锁、电控筒型锁。电控门锁的基本原理是通过控制锁舌的伸缩,进行门的开关控制。根据使用要求,电控门锁有断电锁门和断电开门选项:断电锁门用于安全要求大于人身安全的场所;断电开门则用于人身安全第一的场所。电控插芯锁和电控筒型锁的外观和普通锁一致,控制简单,适用于控制要求简单、外观要求高的场所,其外饰可根据需求改变。

（3）门磁。门磁是用来判断门的开关状态的一种设备,安装在门和门框上。门磁的核心元件是干簧管,在防盗报警系统中已经有详细描述。通常每扇门都需要安装一对门磁,在实际应用中,很多锁具带有门磁信号功能,就不需要额外配置门磁了。

（4）出门按钮。准确地讲,应该称为出门请求设备,常见的包括:① 出门按钮,标准底盒安装,安装高度和读卡器等高,属于开关型设备,按一下门就会被打开;② 红外出门请求探测器,相当于一个红外探测器,当有人走进门(有效范围内),门就会自动打开,不需要手动操作。在双向门禁系统中,不需要采用出门请求设备。

（5）紧急玻璃破碎器。紧急玻璃破碎器和火灾报警破碎器原理相同,打碎玻璃即可直接开门,原理很简单,一片易碎玻璃片顶在一个开关上,玻璃片被打碎后,开关被激活,直接控制电锁电源的通或断,实现紧急开门功能,用于紧急情况逃生用。

（6）接口模块。在实际工程应用中,经常会采用 4、8、16 门甚至更多输入路数的门禁控制器,势必造成远距离传输的问题。而且门禁点到控制器的线缆包括了读卡器的 6 芯线、电锁控制线 2 芯、出门按钮控制线 2 芯,这么多线缆接到控制器,浪费大量的线缆,而且对管路增加了负担。有了接线模块,1根 485 总线可以连接 32 个读卡器,所有门禁点的线缆也可以直接接到接口模块上,节省了成本,方便了施工人员。

（7）逃生装置。逃生装置适用于木门、金属门、有框玻璃门等疏散门(逃生门)和防火门。要求在火灾及各种紧急情况下,保障建筑物内的大量人群能够迅速、安全逃离,一个动作即可逃出门外,使用者无需逃生装置的使用经验即可开启。逃生装置通常由锁舌、推杠(或压杠)和门外配件 3 个基本部分组成。最常使用的逃生装置被称为消防通道锁(Push Bar)。

（8）闭门器和地弹簧。闭门器和地弹簧在门禁系统中有着重要的作用,但经常被大家所忽视,门禁系统能否稳定地运行,要看门能不能正常良好地被关闭。

闭门器一般安装在单向开启的平开门扇上部,适用于木、金属等材质的疏散门、防火门和有较高使用要求的场所。闭门器由金属弹簧、液压阻尼组合作用,有齿轮齿条式闭门器和凸轮结构的闭门器两种。推荐选用质量可靠的闭门器用于门禁系统。

地弹簧适用于单向及双向开启的平开门扇下,也可视情况安装在门扇上边框。地弹簧可以分为单缸型、双缸型,或者地装式、顶装式,或者单项开启式、双向开启式。玻璃门选用的地弹簧应与玻璃门夹或玻璃门条配套安装,其配套门夹的选取应保证地弹簧轴与门夹、门条轴相匹配。地弹簧能否准确归位将直接影响门禁的使用效果,推荐配套使用磁力锁。

（9）报警设备。目前大多数的门禁系统可以集成报警功能,即可接入报警设备,主流的门禁控制器均能够提供一定数量的报警探测器输入端口和报警输出端口。有的门禁系统同时支持报警扩展模块,以增加报警输入输出端口。门禁系统中报警探测器的选用和工作原理同防盗报警系统。

2.门禁控制器

门禁控制器是门禁系统中的核心设备,用来连接读卡器和门禁系统服务器,起到桥梁的作用。门禁控制器能够连接的门禁点设备包括读卡器、锁具、门磁、出门按钮、蜂鸣器、紧急玻璃破碎器、接口模块、逃生装置和报警探测器。门禁控制器的主要参数包括:内存、持卡人、门禁事件、开门方式、集群、防反传、报警联动、工作电压和数据安全。

(1)内存。门禁系统使用的内存类型主要包括 ROM、RAM、EPROM 和 SDRAM。ROM(Read Only Memory)是只读存储器,系统程序固化在其中,用户不可更改,失电不受影响,在门禁控制器中用于写入门禁程序;RAM(Random Access Memory)是随机存储器,可以对存放其中的数据进行修改和存取,在门禁系统中应用较多的是 CMOS 型的,耗电很少,通常用锂电池做后备,失电时也不会丢失程序和数据;EPROM(Erasable Programmable)是可擦可编程只读存储器,这是一种具有可擦除功能,擦除后即可进行再编程的 ROM 内存,在门禁系统中应用较多;SDRAM(Synchronous Dynamic Random Access Memory)是同步动态随机存储器,SDRAM 将 CPU 与 RAM 通过一个相同的时钟锁在一起,使 RAM 和 CPU 能够共享一个时钟周期,以相同的速度同步工作,SDRAM 也是门禁系统中应用较多的内存类型之一。

内存的大小决定了一个控制器能够存储多少个持卡人和读卡记录,常见的门禁控制器内存从 128kb 至 128MB 都有,持卡人数量和读卡记录是动态分配的,总数量有限制。

(2)持卡人。持卡人最早应用于银行系统,指拥有银行卡的人。在门禁系统出现到发展的过程中,主流的应用都是基于卡和人,故称为持卡人。准确的持卡人定义应该是指拥有某些门禁权限的人或物。门禁权限可以通过卡、PIN 码或者指纹等来实现,拥有门禁权限也不代表就持有卡。常见的持卡人类型包括职员和访客两种,职员是指全职员工或者拥有长期门禁权限的相关人员,而访客是指拥有一个时间段门禁权限的外来人员。

(3)门禁事件。事件是门禁系统中一个相当重要的功能,很多门禁系统的应用都是基于事件的。典型的事件包括刷卡、日期/事件变更、报警、数据修改等。每一个发生在门禁系统的动作或由系统产生的动作都可以被认为是一个事件,这些动作可以被编程来产生一些由报告命令调用的报告。一个动作、条件或者发生在门禁系统中的事情都可以成为保存在事件数据库中记录信息的一部分。事件可以被用来触发各种辅助输出(如继电器),当特定系统事件发生时,能触发相应的动作。

事件发生后形成事件日志,包括事件发生的时间、地点及其他信息。

(4)开门方式。读卡器种类繁多,有键盘式读卡器、卡式读卡器、生物识别读卡器等,这些种类繁多的功能集成在一个读写器上时,就可以产生多种开门方式,如密码开门、卡开门、密码+卡开门、指纹开门、卡+指纹开门、指纹+密码开门、卡+指纹+密码开门等。

(5)集群和防反传。被编在一个或多个组中的控制器被称为一个集群。集群是用户定义的分组方式,可连接多个控制器,不同厂家的数量不一样,一般最大可支持 16 个控制器。每个集群配备一个通信路径控制器,作为集群和主机之间的主连接,这个控制器当主控制器发生故障或失去网络通信能力时提供一个替代的通信路径。主控制器和其他控制器没有质的区别,只是在占用附加内存的可能性方面有所差异。主控制器在集群中比其他控制器需要更多的内存,建议主控制器的内存配置比其他控制器大一些。

群组中的组员控制器不直接和主机进行通信,而是通过主控制器进行。组员控制器根据需要,能够通过主控制器和其他组员控制器直接通信,以进行输入/输出事件链接和反潜回控制。组群内的通信通过以太网上的 TCP/IP 协议进行。当指定的主控制器发生故障时,可以指定另一台控制器作为主控制器。

采用集群能够实现强大的内部全局反潜回功能,通常的情况是集权内的控制器之间的持卡人反潜回状态可以实现共享。全局反潜回功能能够在集群中的任何一台控制器上设置带有门禁的区域,把一台设备分区以跟踪持卡人的位置。反潜回的违规行为包括某一持卡人把一张卡交给另外一个人使用(系统接收到来自同一张卡的两个访问请求)和一个持卡人跟随另一个持卡人进入某一区域的尾随行为。当一个人在指定的期间内试图不止一次访问同一区域时,便称为反潜回的期间违规行为。

(6)报警联动。大多数的门禁系统能够实现报警联动功能,通常情况下,门禁控制器本身自带有一定数量的报警输入端口和报警输出端口,有的控制器支持防区扩展模块进行扩容增加输入、输出数量,有的门禁系统甚至是基于报警系统开发的,就能够实现更加强大的报警功能。

通过门禁控制器支持的报警输入、输出接口,就能够实现报警联动功能,当报警探测器被触发,门禁系统可通过预先设置的规则或事件进行联动,如打开门、关闭门、调用监控录像、联动报警设备等。有的门禁系统支持通过门禁服务器的 RS232 接口或者接口程序接收第三方报警系统的报警信号,属于更高级的报警联动。

(7)工作电压。门禁系统中的主要用电设备包括门禁服务器、门禁控制器、读卡器和电锁。门禁服务器和门禁控制器通常的工作电压是交流 220V,有的门禁控制器可以工作在交流 24V 或者直流 12V;读卡器和电锁通常的工作电压为直流 12V。需要注意的是,门禁系统电源的配置,读卡器需要比较小的电流但电锁的工作电流通常在 1A 左右,故需要为每道门配置单独的开关电源或者大功率直流 12V 电源,建议每道门配置的电源功率在 60W 左右(12V 5A)。

(8)数据安全。随着越来越多的门禁系统支持局域网、广域网传输,使得门禁系统的数据暴露在网络之上,而门禁系统的数据一般是没有通过加密传输的,很容易被黑客获取到,故需要将门禁控制器和门禁服务器之间的传输数据进行加密,增加数据的安全性。

3.本地传输系统

本地传输系统相对远程传输系统而言,如果门禁服务器设在本地,则本地传输系统包括读卡器端到门禁控制器的传输线路、门禁控制器到门禁服务器的传输线路;如果门禁服务器设在异地(远程),则本地传输系统主要指读卡器端到门禁控制器的传输线路。本地传输系统的线路包括控制线、电源线和信号线。

(1)控制线。控制线包括门禁服务器到门禁控制器的控制线路、门禁控制器到读卡器的控制线路。一般门禁服务器之间通过局域网/广域网/互联网相连,如果门禁控制器属于网络型,则控制线路也采用局域网或者广域网相连。

（2）电源线。门禁系统的供电相对简单，门禁服务器、门禁控制器大多工作在 220VAC 或者 24VAC 电压，采用 RVV3×1.0 以上规格线缆即可；读卡器端设备多工作在 12VDC 电压，采用 RVV2×0.75 以上线缆供电即可。

（3）信号线。信号线主要包括门锁、门磁、出门按钮、紧急玻璃破碎器、报警设备和控制设备的连线。门锁属于有源设备，故需要 2 芯的电源线和 2 芯的控制线，门锁一般和门禁控制器或者接口模块相连接，距离较近，故对线缆没有特别的要求，非屏蔽线缆即可满足要求。门磁属于无源设备，主要用于判断门的开合状态，采用 2 芯非屏蔽线缆即可，有的电锁带有门信号功能，则不需要单独建设门磁，但信号线不能省却。出门按钮和门磁一样，采用 2 芯非屏蔽线缆即可。紧急玻璃破碎器用于直接控制电锁的开关，距离很近，采用 2 芯非屏蔽线缆即可。报警设备的连线详见"防盗报警系统"中的相关说明。

4.门禁系统服务器

门禁系统服务器（在国内称为一卡通系统服务器）是门禁系统的核心，而门禁系统的大部分功能就是通过门禁系统服务器实现的。门禁系统服务器可以理解为安装有一套或多套（通常是多个模块）门禁软件的计算机服务器。国内的门禁系统服务器和国外的不太一样，主要区别在于门禁系统服务器的功能和架构。

在欧美国家，一般包括的子系统有考勤子系统（简单的统计）、消费子系统（简单的刷卡记录）、巡更子系统（在线式巡更，功能较强大）、资产管理子系统（基于 RFID 技术实现资产的管理）；而国内门禁系统一般属于一卡通系统的一个子系统，一卡通系统包括的子系统较多，主要有门禁子系统、考勤子系统（功能很强大，能够实现复杂的排班、工作时间、三班倒等多种规则，适用国内的制造型企业）、消费子系统（功能很强大，可以按次、按金额实现消费统计）、通道管理子系统（如地铁卡、公交卡的应用，具有消费系统的部分功能）、电子巡更系统（可以是在线式，也可以是离线式，一套软件进行管理，在线式巡更功能要较国外产品少）、停车场管理子系统（这是一个很具有中国特色的系统，可以单独管理运行，也可以通过一卡通服务器管理，国内门禁系统厂家有相当一部分是以停车场管理系统发展一卡通管理系统）。

由以上分析可以看出，国外门禁系统单从系统来讲要好于国内产品，但从多个子系统的集成和应用来讲,国产门禁系统具有自己的国情特色,要优于国外门禁系统,更适合中国的国情。相对于消费系统,国内的办公场所比较集中多设有公共餐厅,小区设有会所,工厂会设置员工餐厅,而这些都需要复杂的消费系统来实现,而国外的信用卡系统比较成熟,很少单独采用智能卡进行计费,故功能开发相对简单。停车场管理子系统更是一个典型中国特色的门禁系统应用,在国外很少有大量车辆集中管理的需要,故门禁系统多不集成车辆管理功能,而国内的车辆数量和集中度都要较国外高,故停车场管理系统是多数门禁系统建设必需的一部分,尤其是小区、大厦的停车场。

从门禁系统的功能上来讲,欧美主流的门禁系统从功能和集成度上要好于国产门禁系统,通常情况下,进口门禁系统多具有防反传、双人规则、双门互锁、电梯控制、证章制卡系统、访客管理、对广播(Email 或者寻呼)、门禁服务器双机热备、安全加密通信和资产管理等功能,同时能够高度集成闭路监控电视系统、入侵报警系统、人力资源系统(ERP 系统)和消防系统等。这种高度的集成来源于国外的安防公司通常都是"Fire & Security"的综合体,同时从事消防和安防业务,而安防业务大多数都包括了门禁、报警和监控的产品,有的公司甚至还有 BAS 系统,集成度就更高。国内的门禁系统发展时间较短,通常具有的主要功能包括双人规则、双门互锁、电梯控制、防反传等,像证章制卡系统、访客管理、对讲、广播(Email 或者寻呼)、门禁服务器双机热备、安全加密通信和资产管理等功能是国产门禁系统所需要加强的或者需要新开发的。同时国产的门禁系统能够集成的系统主要是监控、报警和人力资源系统,但集成度不高,主要是国产的门禁系统厂家规模相对较少、涉及的业务范围也比较单一,随着国内安防业的发展和时间的推移,这种差距会越来越小。

门禁系统管理软件是需要运行在一定的软硬件平台之上的,常见的门禁系统支持的操作系统有 Windows 系统(操作简单,稳定性相对要差)、Linux 系统(操作复杂,稳定性较好)和 Unix 系统(操作和配置非常复杂,但稳定性最好),应用最多的操作系统还是 Windows 和 Linux。很多门禁系统都自带有专用数据库,不需要单独购买。也有门禁系统运行在 SQL Server、MySQL、Oracle 等数据库之上,需要单独配置。选定了操作系统和数据库,就可以配置门禁系统硬件服务器了,尽可能选用专业级的服务器,前提是能够运行所需要的操作系统和数据库。

门禁管理软件运行在一台或者多台计算机服务器之上,能够实现双机热备,向上通过远程传输系统和中央管理系统连接,向下通过本地传输系统和门禁控制器相连接。

网络型门禁控制器可通过网络直接与门禁服务器相连接,不受传输距离的限制,是门禁系统的一个发展趋势,尤其是在全球联网应用中较多采用;如果控制器是直连型或者总线型门禁控制器,但需要通过网络进行传输时,可以借助 RS 232 转 TCP/IP 转换器和 RS 485 转 TCP/IP 转换器来实现。

5.远程传输系统

远程传输系统相对本地传输系统而言,在门禁系统应用中,当门禁服务器和门禁控制器分处异地或者门禁系统拥有中央管理系统的情况下需要进行远程传输,典型应用于跨国企业的全球门禁联网系统或国内大型公司的跨区域门禁系统中。远程传输系统大多通过互联网或者企业的内部专网实现连接,如果在公网上传输门禁数据,需要建立企业自己的虚拟专用网络(VPN)或者对门禁系统数据传送进行加密。

6.中央管理系统

当建设了多套门禁系统(同一门禁品牌多个门禁系统服务器)需要集中管理时,就要采用门禁中央管理系统。中央管理系统可以同时管理多个门禁系统服务器,从而实现真正意义上的大型联网门禁系统。相对采用一台门禁服务器来管理大型的门禁系统来说,这种架构更稳定、处理效率更高,尤其是针对那些大型跨国企业而言。

三、集成联动

1.监控集成联动

门禁系统和监控系统的集成联动有两种实现方式:一种是和矩阵控制系统相集成;另一种是和硬盘录像机相集成。采用和矩阵控制主机集成的方式,门禁服务器多通过 RS232 口直接和矩阵相连接,在门禁系统中写入矩阵的所有命令,通过 ASCII 码进行各种通信和控制,通过在门禁服务器中内置的视频卡可以调用监控系统的图像。采用硬盘录像机联动监控系统是一种更高级的方法,通过网络就可以连接。通常情况下门禁系统会支持固定厂家的硬盘录像机,可以实现图像的调用、切换和控制。当门禁点发生报警,可以录制一段录像或抓屏截图,使得门禁系统的管理更加直观和人性化。

2.报警集成联动

报警系统的集成相对而言要简单一些,大部分门禁控制器都自带一定数量的报警输入和报警输出接口。有的门禁系统可以通过报警输入模块和报警输出模块进行扩容,可支持一定数量的报警输入输出信号;而有的门禁系统就是在报警主机的基础上开发的,报警集成功能就更加强大,甚至配有布撤防的操作键盘,就像入侵报警系统一样。

门禁系统可支持各种类型的报警探测器,如门磁、红外双鉴探测器、紧急按钮和烟感探测器等。当报警探测器被触发报警时,门禁系统可当作一个事件触发其他的控制,如关闭所有的门或打开所有的门,并给予报警提示,可以是文本信息、手机信息、电子地图显示或者警笛的警铃。

第三节 防盗报警系统

一、防盗报警系统概述

防盗报警系统是利用各种类型的探测器对需要进行保护的区域、财物、人员进行整体防护和报警的系统。系统可以灵活地设置:以多种方式进行布撤防,以多种方式进行报警,同时系统能够自动记录报警时间、防区,在可能的情况下,可以直接将音视频信息传送到接警中心,或通过闭路电视监控系统联动实现音、视频报警功能。

报警主机是系统的核心,用来在接收前端探测器发来的报警信号的同时进行及时的反馈和处理。主机在接收到报警信号后,会产生高分贝的警号声,同时会借助电信网络(电话线、移动网络或者互联网)向外拨打多组预先设置的报警电话。如果报警主机接入接警中心,则由接警中心来判断和处理警情。

报警接收中心(Alarm Receiving Centre)是指接收一个或多个安防控制中心的报警信息并处理警情的场所,通常也被称为接警中心(如公安机关的接警中心）。它主要采用中心接警机并配备大量的工作人员，是整个防盗报警系统的中枢。接警中心可以通过多种方式（电话线、移动电话网络和互联网等）接收报警主机发出的报警信号、判断报警的所在地和防区、进行远程的布撤防、记录报警信息、联络当事人、远程监控、派遣工作人员到现场处理警情。

二、防盗报警系统的组成

防盗报警系统由前端探测器（含地址模块、电源等）、本地传输系统（有线或无线）、本地报警主机（含配套设备）、远程传输系统和报警接收中心 5 个部分构成。

1. 前端探测器

与前端探测器配合的设备还包括各种探测器安装支架、电源、总线输入模块（总线型报警系统使用）、信号放大器、无线发送接收设备等，由于属于周边配套设备，技术含量不高，此处不予详述。

随着新技术、新材料的不断发现和应用，报警探测器的种类也日益繁多。但和安防系统密切相关的探测器分类如表 4-2 所示。

2. 本地传输系统

本地传输系统是指从探测器到报警主机的传输线路，主要包括有线传输和无线传输两种形式。

（1）有线传输系统。有线传输是将探测器的信号通过

表 4-2　报警探测器类型

点警戒型	开关式	门窗磁开关 紧急报警按钮 燃气泄漏探测器 水探测器
	光电式	光电开关 出门请求探测器
	振动式	玻璃破碎探测器 电子震动探测器
线警戒型	红外式	主动红外探测器
	振动式	震动电缆探测器
	泄漏式	泄漏电缆探测器
	围栏式	围栏防护探测器
	光纤式	光纤振动探测器
面警戒型	壁挂式 吸顶式	单/双/多鉴被动红外探测器
	火灾式	烟雾报警探测器 温度感应探测器
	影像式	摄像机

导线传送给报警控制主机。根据报警控制主机与探测器之间采用并行传输还是串行传输的方式不同而选用不同的线制。所谓线制,是指探测器和控制器之间传输线的线数。一般有多线制、总线制和混合式3种方式。

多线制:是指每个入侵探测器与控制器之间都有独立的信号回路,探测器之间是相对独立的,所有探测信号对于控制器是并行输入的。这种方法又称点对点连接(也可以称为星形连接)。多线制的优点是探测器的电路比较简单,缺点是线多,配管直径大,穿线复杂,线路故障不好查找。显然这种多线制方式只适用于小型报警系统,如家庭、商店、小型办公室等。

总线制:是指采用2~4条导线构成总线回路,所有的探测器都并接在总线上,每只探测器都有自己的独立地址码(或者使用总线地址模块),报警控制主机采用串行通信的方式按不同的地址信号访问每个探测器。总线制用线量少,设计施工方便,因此被广泛应用于小区周界、工厂周界、大型商场、大型的办公场所、银行等。

混合式:有些入侵探测器的传感器结构很简单,如开关式入侵探测器,如果采用总线制则会使探测器的电路变得复杂起来,势必增加成本。但多线制又使控制器与各探测器之间的连线太多,不利于设计与施工。混合式则是将两种线制方式相结合的一种方法。一般在某一防范范围内(如某个防范区域)设一通信模块(或称为扩展模块),在该范围内的所有探测器与模块之间采用多线制连接(星形连接),而模块与控制器之间则采用总线制连接。由于区域内各探测器到模块路径较短,探测器数量又有限,故多线制可行,由模块到报警器路径较长,采用总线制合适,将各探测器的状态经通信模块传给控制器。

(2)无线传输系统。无线传输是探测器输出的探测信号经过调制,用一定频率的无线电波向空间发送,由报警中心的控制器所接收。而控制中心将接收信号处理后发出报警信号和判断出报警部位。

在无线传输方式下,前端探测器发出的报警信号的声音和图像复核信号也可以用无线方法传输。首先在对应入侵探测器的前端位置将采集到的声音与图像复合信号变频,把各路信号分别调制在不同的频道上,然后在控制中心将高频信号解调,还原出相应的图像信号和声音信号,并经多路选择开关选择需要的声音和图像信号,或通过相关设备自动选择报警区域的声音和图像信号,进行监控或记录。

在实际的工程应用中,经常会碰到不方便布线施工的工程或者需要无线报警的场所,就可以采用无线传输系统。在无线传输系统中,前端探测器需要选用无线报警探测器,无线报警探测器内置电池,在开阔地带最远的传输距离大约为 150m(500 英尺),对应的报警控制主机必须有接收模块。

一般不推荐采用无线传输系统,因为探测器受到电池工作寿命的影响,通常情况下每隔 20～50 分钟向报警主机发送信号表明工作正常,在这段未通信的时间段报警探测器容易受到破坏。

3. 本地报警主机

本地报警系统相对报警接收中心(相当于远程报警系统)而言,主要指连接探测器的报警主机部分,主要设备包括报警控制主机、操作键盘、各种扩展模块、报警接收软件、电脑、打印机和拨号器等。

(1)报警控制主机。报警控制主机能够直接接收报警探测器发出的报警信号,发出声光报警并能指示入侵发生的部位。声光报警信号应能保持到手动复位,如果再有入侵报警信号输入时,应能重新发出声光报警信号。另外,报警控制主机能向与该机接口的全部探测器提供直流工作电压(当前端入侵探测器过多、过远时,也可单独向前端探测器供电)。一般报警控制主机有防破坏功能,当连接入侵探测器和控制器的传输线发生断路、短路或并接其他负载时,应能发出声光报警故障信号。报警信号应能保持到引起报警的原因排除后,才能实现复位;而在故障信号存在期间,如有其他入侵信号输入,仍能发出相应的报警信号。

报警控制主机能对控制系统进行自检,检查系统各个部分的工作状态是否处于正常工作状态,并可向报警接收中心发送状态信息。常见的报警主机的工作电压为 16VAC,可配置直流蓄电池,自断电的情况下可以继续工作。报警控制主机从外观上看,有盒式、挂壁式或柜式,均可内置一定数量的蓄电池。

报警控制主机按照防区的数量可分为小型报警控制主机和大型报警控制主机。小型报警控制主机多采用多线制连接(星形连接)探测器,防区一般不超过 32 个;大型报警控制主机多采用总线方式连接探测器,防区一般都超过 32 个,可多达 256 个防区或更多。

（2）操作键盘。控制键盘是用来对报警控制主机进行操作、控制的独立键盘设备，键盘可以和主机分开安装，最远可以相距 150m，报警控制主机一般安装在控制机房，控制键盘一般安装在大门的出入口内侧，以方便进行各种操作。

常见的控制键盘分为 LED 键盘和 LCD 键盘两种。LED 键盘一般会配置几颗 LED 灯，用来提示操作的各种状态，同时伴有防区指示灯；LCD 键盘可以用字符显示各种操作、命令和状态提示等，多用于大型系统。

4. 远程传输系统

远程传输系统相对本地传输系统而言，主要是指报警控制主机到报警接收中心的传输线路。常见的传输线路包括电话线和互联网（包括局域网和广域网），应用最广、最成熟的就是电话线拨号报警，能够实现音视频报警。

常见的报警控制主机如果要通过互联网传输报警信号，需要加装 TCP/IP 转换模块。另外的报警线路还包括 GSM 远程报警，目前应用较少。

5. 报警接收中心

报警接收中心（Alarm Receiving Centre）是指接收一个或多个安防控制中心的报警信息并处理警情的场所，也可以理解为接收报警控制主机发来的报警信号并进行相关的控制动作，其核心设备是报警中心接警机。

常见的报警接收中心有专业级的接处警中心（如公安机关的接警中心）和民用型的报警接收中心（如小区的控制机房）。

三、防盗报警系统的联动功能

防盗报警系统和闭路监控电视系统、门禁系统的联动在实际工程中已经得到大范围的应用。相对而言，国外的厂家防盗报警系统、闭路监控电视系统和门禁系统的集成度很高，而国内的厂家同时生产或运营三种系统的产品很少，故对国内厂家而言，这是一个比较好的发展机会，也是一种技术发展的趋势。

在实际应用中，报警系统和门禁系统、监控系统集成大部分情况下不是通过报警控制主机或者接口模块实现集成和联动的，而是直接将报警探测器接入门禁系统和监控系统，不是真正意义的集成和联动。而真正意义的集成和联动是指有一个统一的平台,可以通过一台计算机(安装有软件系统)或者设备同时管理报警系统、监控系统和门禁系统,一旦报警探测器发生报警,可自动联动摄像机和门禁系统,进行图像的监控、记录和门禁的开关动作,这将是一种新的技术发展趋势。

第四节 电子巡更系统

一、电子巡更系统概述

大型体育场馆出入口很多,来往人员复杂,必须有专人巡逻,较为重要的地点应设巡更站,定期进行巡逻。电子巡更系统是实现组织与监督管理巡逻人员按规定路线,在规定的时间内,巡逻规定数量的巡逻地点的最有效、最科学的、技防与人防相协调的系统。

电子巡检系统是电子巡更系统的一种更高的形式,是指在电子巡更的基础上添加智能化技术,加入巡检线路导航系统,可实现巡检地点、人员、事件等显示,并可手工添加其他信息(如温度、水表读数、电表读数、设备工作状态等),以丰富巡更的管理内容,便于管理者管理。

二、电子巡更系统的分类

电子巡更系统按照在线方式可以分为在线式和离线式两种。

1.在线式电子巡更系统

在线式电子巡更系统是指巡更人员正在进行的巡更路线和到达每个巡更点的时间在中央监控室内能实时记录与显示。在线式电子巡更系统又可分为有线式和无线式两种。无线式巡更系统属于一种新型的应用,目前应用比较少,可以采用 GSM 网络、3G 网络、WiFi 热点和专用无线网络技术实现。相对有线式而言,无线式不需要布线,是未来巡更系统的一个发展趋势。

图 4-3 为在线式电子巡更系统示意图。在系统中,管理电脑经 RS485 通信转换器或 TCP 通信转换器连接和管理巡更主机,巡更主机与读卡器或指纹机相连。同时,系统采用先进的射频卡技术,在巡更路线上合理设置巡更检测点,管理者根据需要自由设置巡更班次、时间间隔、线路走向,巡更人

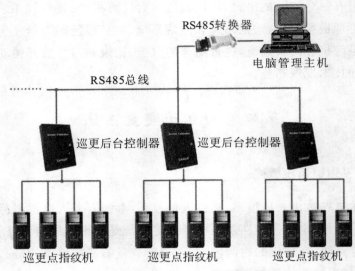

图 4 - 3 　在线式电子巡更系统示意图

　　员只需以加密读写器作为巡更签到牌,在规定时间到达指定地点读卡,读卡时相互感应,达到巡更签到的目的。所有读卡记录保存在中心主机中,业主可以随时查询和统计报表,并打印,系统的设置、操作和扩容都很简单。

　　通过在线式电子巡更系统,监控中心能实时掌握巡更人员的情况,某个点超过设定的时间没有人巡查时,系统会报警告诉管理人员,这是巡更领域的高端方案,也是许多重要地方所必需的。在线巡更和门禁、电梯控制等系统组成一卡通时,已装有门禁、考勤和电梯控制的地方不需再装巡更设备,巡更人员即可在上述地点直接刷卡完成巡更考核。

　　2.离线式电子巡更系统

　　离线式电子巡更系统是目前的主流应用,也是众多巡更厂家发展的重点方向。离线式电子巡更系统无需布线,巡更人员手持数据采集器到每个巡更点采集信息。其安装简易、性能可靠,适用于任何需要保安巡逻或值班巡视的领域。离线式电子巡更系统也存在一定的缺点,即巡更人员的工作情况不能随时反馈到中央监控室,但如果能够为巡更人员配备对讲机(或集成无线呼叫系统),就可以弥补它的不足。由于离线式电子巡更系统操作方便、费用较省,故大部分用户选择了离线式电子巡更系统。离线式电子巡更系统又可分为感应式巡更系统和触碰式数码巡更系统两类。

图 4-4 为离线式电子巡更系统工作流程图。先将信息设定在若干信息钮内,安装在需要巡检的地方,然后根据要求的时间、地点,保安人员沿指定路线正常巡逻时,用巡更棒逐个阅读沿路的信息钮。当管理人员需要检查信息时,巡更棒通过通信座与微机连接,将巡更棒中的数据输送到计算机中,在计算机中进行统计考核。而识读器则在输送完毕后自动清零,以备下次再用。整个统计过程只需几分钟就能完成,方便、准确,管理人员可随时查询各项报表,掌握第一手资料,也可以按月、季度、年度等方式查询,有效评估保安员的工作。

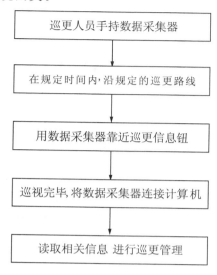

图 4-4　离线式巡更系统流程图

三、电子巡更系统的组成

典型的最常用的离线式电子巡更系统由 4 部分组成(表 4-3)。

表 4-3　电子巡更系统的组成

巡更棒(又称为数据采集器、巡更器或巡更机)	由巡逻人员在巡更/巡检工作中随身携带,将到达每个巡更点的时间及情况记录下来,属于微电脑系统,用于读取信息钮内容,完成信息处理、储存和传输等功能。有的巡更棒还带有显示器和键盘,属于更高级的电子巡检系统巡检棒
信息钮(又称为巡更点、信息标识器或巡检器)	安置在巡逻路线上需要巡更巡检地方的电子标识,可以是一张 IC/ID 卡、RHD 卡或者 DALAS 钮扣
电脑传输器(又称为通信座或数据下载转换器)	用来将巡更棒中存储的巡更数据通过它下载到计算机中去,有的还兼有充电功能
管理软件	是整个系统的"大脑"和"心脏",是实现整个系统功能的指挥中心,可分为单机版或大型行业网络版,通常包括应用软件和加密钥(或密码钥匙)

第五节 周界防范系统

随着现代体育场馆对安防工作要求的进一步提高,单纯的室内报警已经不能满足要求,还需要一套将盗贼拒之门外的防盗系统,因此,周界防范系统应运而生。

周界防范报警系统是体育场馆最外端的安全防范系统,是在体育场馆的围墙或栅栏上安装周界报警传感器。当有人翻越围墙非法进入时,触发探测器发出报警信号,装置向安保中心发出报警信号,并由报警主机联动视频监控系统将相关区域的监控图像切换到指定的监视器,同时发出报警信息提示值班人员。运用周界防范系统,可以加强体育场馆的安防管理,降低体育场馆保安的工作难度。

目前使用的周界防范系统依据其工作原理,主要分为主动红外对射探测器和电子围栏两大类。

1. 主动红外对射探测器

主动红外对射探测器由一个发射端和一个接收端组成。发射端发射经过调制的两束红外线,这两条红外线构成了探头的保护区域。如果有人企图跨越被保护区域,则两条红外线被同时遮挡,接收端输出报警信号,触发报警主机报警。

经过调制的红外线光源是为了防止太阳光、灯光等外界光源干扰,也可防止有人恶意使用红外灯干扰探头工作。系统采用主动红外对射式探测器,不会受到阳光照度的制约,实现 24 小时的有效监控。该系统作为闭路监控系统的补充,可与小区其他防盗报警系统组成一个统一、完整的报警体系。

对射探头由一个发射端和一个接收端组成。发射端发射经过调制的多束(如 4 束)红外线,这 4 束红外线构成了探头的保护区域。如图 4-5 所示,如果有人企图跨越被保护区域,则两条红外线被同时遮挡,接收端输出报警信号,触发报警主机报警。如果有飞禽飞过被保护区域,由于其体积小于被保护区域,仅能遮挡一条红外射线,则发射端认为正常,不向报警主机报警。

2. 电子围栏

(1)电子围栏的组成。电子围栏是目前最先进的周界防盗报警系统。如

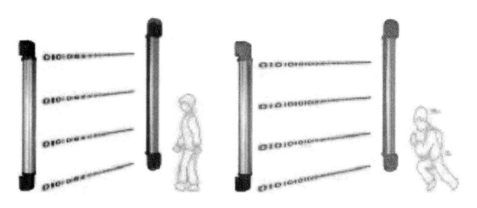

图4-5　有人企图跨越对射探头保护区域示意图

图4-6为电子围栏,它由电子围栏主机和前端探测围栏组成。电子围栏主机可以产生和接收高压脉冲信号,在前端探测围栏处于触网、短路、断路状态时能产生报警信号,并把入侵信号发送到安全报警中心。前端探测围栏是由杆及金属导线等构件组成的有形周界。通过控制键盘或控制软件,可实现

图4-6　电子围栏

多级联网。电子围栏是一种主动入侵防御围栏,对入侵企图做出反击,击退入侵者,延迟入侵时间,但不威胁人的性命,并把入侵信号发送到安全部门监控设备上,以保证管理人员能及时了解报警区域的情况,快速地做出处理。

(2)电子围栏报警原理。脉冲发生器(主机)通电后发射端口向前端围栏发出脉冲电压,时间间隔大约1.5秒发射一次,脉冲在围栏上停留的时间大约0.1秒,前端围栏上形成回路后脉冲信号就回到主机的接收端口,此端口接收反馈回来的脉冲信号,同时主机还会探测两个发射端之间的电阻值。如果前端围栏遭到破坏造成短路或断路,脉冲主机的接收端口接收不到脉冲信号或两个发射端之间的电阻太小,主机都会发出报警。

(3)电子围栏的报警程序。通过电子围栏的工作原理可知,无论脉冲主

机处于怎样的电压工作状态,当围栏遭到破坏,接收端口无法收到脉冲信号,脉冲主机则会报警;同样,当两根电子缆线之间短路时,电阻非常小,脉冲主机也会报警。

3.周界防范系统的基本功能

(1)翻越体育场馆围墙时,前端向中心及时报警。

(2)报警防区显示在中心管理电脑上。

(3)弹出报警点防区地理位置数字电子地图,或点亮防区模拟电子地图。

(4)联动监控系统矩阵弹出报警点或区域的视频监控图像到电视墙显示发出声光报警信号,提醒保安值班人员派人到达指定现场处理情况,记录事件的一切印记,等待查询或更高一级的处理。

(5)系统具有设防、撤防、旁路、交流掉电保护、密码操作等功能,能对报警信息进行综合处理,能进行分类、查询、统计和打印,系统具有防剪功能,一旦出现断线或损坏,能及时向管理中心报警。

(6)当某处发生报警时,周界报警联动继电器输出报警信号给监控系统的控制矩阵,通过对矩阵编程和快球摄像机的预置位设置,实现哪里发生报警,围墙摄像机就聚焦到哪里,监控电视墙就弹出报警位置的监控图像,值班人员就能看到哪里,值班人员甚至可以手动矩阵键盘继续跟踪非法闯入者的行踪。这些过程都由视频图像记录在数字硬盘录像机的磁盘里,对事件发生后进行事后追查、寻找犯罪证据都有很好的辅助作用。

习题四

1.安全防范系统由哪些子系统构成?

2.简述闭路电视监控系统的组成。

3.简述闭路电视监控系统前端系统的工作原理。

4.简述闭路电视监控系统本地传输系统的工作原理。

5.传输线路有哪些介质?

6.抗干扰技术在体育场馆中有什么作用?

7.门禁系统的主要设备有哪些,它们是怎样进行工作的?

8.我国的门禁系统服务器与国外的门禁系统服务器有什么区别?

9.门禁系统和监控系统是怎样进行联动控制的?

第五章　智能化停车系统

第一节　停车场管理系统

　　停车场管理系统属于一卡通系统,综合射频卡技术、自动控制技术、视频技术、音频技术和传感技术,以计算机网络为管理平台,利用车辆传感器、出入口控制设备、显示屏、自动发卡机、自动收卡机、电动道闸和摄像机等软硬件设备,对车辆出入停车场进行管理、记录、识别和控制,实现计费、保安、控制、防盗、查询和统计等功能,减少人工操作,实现智能化控制,提高整个停车场的管理水平和安全性。

　　停车场可以被分为内部停车场、公用停车场和私人停车场3类。

　　内部停车场:主要面向固定的业主,也兼顾临时访客停车的需要,一般多用于小区、大厦的配套停车场,各单位/工厂的自用停车场。这类停车场的特点是:车流量大,收费情况复杂,面向固定的业主,要求使用寿命长,安全性要求严格,由于上下班高峰期车辆较多,故要求可靠性要高,处理速度要快。

　　公用停车场:主要面向临时车辆的停放管理和收费工作,也有免费的公用停车场但比较少,常见于大型公共场所,如机场、火车站、汽车站、体育场馆、集贸市场等。访客多是临时性停车、车辆数量多、停车时间短。要求运营成本低、使用简单、设备稳定可靠,可满足商业收费的要求,安全性要求相对较低。

　　私人停车场:主要面向特定的业主和使用者。没有访客停车的需要,多用于别墅的私人车库,不需要计费,但要求安全性级别高、使用方便。

　　停车场管理系统主要应用于内部停车场和公用停车场的管理,私人停车场多采用车库的方式,不需要额外的停车场管理系统。

第二节　停车场管理系统的功能

主流的停车场管理系统具有以下特点和功能：

(1)系统用户多分为固定用户和临时用户两种。固定用户采取提前缴费方式(按照一定时间段缴费)，每次出场时不再收费，可直接放行；临时用户出场时根据停车的时间及当时费率缴费一次。

(2)所有车辆凭卡进入，刷卡时间、出入地点及车辆等各项资料均自动在计算机上显示并记录。

(3)所有车辆刷卡后经收费员或保安收费(临时用户)或确认(固定用户)后车辆出场。

(4)系统具有分级管理功能，且人员操作该系统均有记录。

(5)智能卡管理功能详尽。

(6)系统具有满位提示功能，车辆达到饱和后临时车辆不允许进入。

(7)计算机可自动记录各种信息、出入报告、卡片报告、报警报告，并可打印。

(8)卡片感应距离多在 10cm 左右，远距离管理系统可达 10m 有效距离识别。

(9)识别速度快，响应时间小于 1 秒。

(10)可靠性高，容易安装，防水、防尘，防护等级不低于 IP65。

(11)系统可灵活地与其他设备连接，控制诸如门、闸、灯光、警报或摄像机等；系统软件可方便地按用户要求定制，更可连入 IBMS 系统。

(12)硬件设备采用模块化设计，控制系统预留有多种扩展接口，应用广泛，兼容性好。

(13)一车一卡，杜绝一卡多车，防止车辆被盗和收费管理漏洞。

(14)系统具有图像对比功能，实现可视化管理和车辆确认(车牌、车辆类型和颜色等信息确认)。

(15)多种收费模式，并可按照业主或当地管理部门要求进行设置。

(16)系统记录信息量大，不少于 10 000 条。

第三节　停车场管理系统的组成

停车场管理系统由控制中心、打印机、智能卡发行器、转换器、出入口控制机、自动发卡机/自动吞卡机、智能卡读写器、全自动道闸、车辆检测器、中文电子显示屏、语音提示、对讲系统、视频卡和出入口摄像机等组成。

1.控制中心

控制中心是停车场管理系统的中枢,是一台安装有停车场管理软件、图像对比软件、数据库软件和视频卡的计算机(或服务器),负责运行管理软件,完成系统管理、收费处理、报表统计、参数设置等各项工作,运行图像处理软件,完成车辆图像抓拍、视频监控、图片对比等工作。

控制中心必须选用质量可靠的计算机,有的管理软件有加密狗,需要选用支持加密狗的计算机。如果控制电脑就近放置在出入口岗亭,建议配置CRT显示器,因为CRT显示器的亮度和视角要好过LCD显示器。

2.打印机

打印机用来打印各种报表,属于系统必选的设备。如果是大型联网停车场管理系统,配置一台打印机就可以了。通常情况下选用针式打印机,也可以选用激光打印机或者其他类型的打印机,并没有特殊的限制。

3.智能卡发行器

智能卡发行器又被用作临时卡发行器,与门禁系统中使用的卡式读卡器原理相同,主要由微控制处理器、RS232/RS4815通信收发模块天线、读卡器和电源模块组成,可以直接和电脑相连接。主要功能特点如下:①读卡距离为10cm以内;②通信接口多为RS 485;③负责停车场管理系统智能卡的授权发行;④停车场系统的临时卡收费;⑤上、下班换班登记、考勤;⑥与电脑实时通信。

4.RS 485 转换器

停车场管理系统中的出入口控制机是不能直接和电脑进行通信的,出入口控制机多为RS 485 总线连接型,与管理计算机相连接需要依靠RS 232 转RS 485 转换器。

5.出入口控制机

出入口控制机是停车场管理系统中的核心设备,基本设备包括控制机箱(含停车场管理主控板)和读卡器,可选的设备包括中文电子显示屏、满位显示屏、语音提示报价器、对讲系统,入口控制机选配自动出卡机、出口控制机选配自动吞卡机。

控制机箱多采用密封设计,防雨、防尘,外观多采用交通标准色,不锈钢制作。读卡器和门禁系统中的读卡器相同,用于识别各种车辆卡和操作卡。

出入口控制机多具有以下特点:①采用超高亮 LED 发光管,白天夜间均可清晰显示提示信息;②采用超载规模集成电路和高性能单片机;③全中文滚动显示,内容丰富;④防雨式设计,可全天候工作,适应户外环境;⑤具有可实时控制管理功能;⑥直接控制开闸功能;⑦数字车辆检测器控制功能,感应到车辆后,系统方能运作,如读卡、开闸、放行等;⑧可在线运行,也可脱机运行;⑨可与监控计算机和其他控制设备实时通信,可实时将所读卡信息传递到监控计算机,监控计算机也可向其加载时间、收费标准等;⑩可与自动道闸实现联动,当读到有效卡时,可控制道闸自动打开;⑪对临时卡进行自动回收;⑫语音提示功能,当读到有效卡时,发出应交纳的停车费额和礼貌用语,读到无效卡时则用语音说明相关原因;⑬顾客在出口处可以通过对讲系统与停车场工作人员进行对话;⑭对储值卡自动扣费;对临时卡自动计费;对有效月卡,在有效的时间范围内可无限次出入。

6.自动发卡机/自动吞卡机

自动发卡机又称为临时卡发卡机,用于临时停车者或访客取卡进场。泊车者驾车至入口控制机前,数字车辆检测器自动检测车辆的存在,泊车者按键取卡(凭车取卡、一车一卡)入场。自动出卡机可以实现出卡同时读卡功能,还可以防止临时卡被盗,如业主刷卡后不可取临时卡、取了临时卡后业主卡不能再次刷卡,有效防止车辆被盗和保证车辆安全,实现一车一卡功能。

自动吞卡机又称为自动收卡机,在停车场管理系统中应用较少。因为临时卡多存在收费的问题,需要手动收费,不能够实现自动收费,则在收费的同时手动刷卡就是一种更加合理的方式。当然也可以采用自动吞卡机,人工完成收费工作即可。自动吞卡机原理和自动发卡机相似,在吞卡的同时可以实现刷卡计费功能。

7. 智能卡读写器

智能卡读写器主要内置安装在出入口控制机中,与门禁系统中的读卡器原理完全相同,多为 Wiegand 格式的读写器,适用于停车场管理系统的读写器包括 ID 卡读卡器和 IC 卡读写器。在远距离停车场管理系统中,采用特制的远距离 RFID 读写器,其属于高频读写器系统。

8. 全自动道闸

全自动道闸是指通过出入口控制机控制的通道阻挡放行设备,安装在停车场的出入口处,离控制机 3m 左右,可分为入口自动道闸和出口自动道闸,由控制机箱、电动机、离合器、机械传动装置(齿轮或者皮带传送)、电子控制和闸杆等设备组成。

(1)控制机箱:结构牢固,可防雨水和喷溅水,适合室外工作。外壳可以用特制的钥匙方便地打开和拆下。特别设计一套卸荷装置,以防止外力损坏。采用色彩鲜明的国际标准化外形设计,具有较强的警示作用。

(2)电动机:道闸专用直流电动机,具备开、关、停控制功能。另外还具备电机转速输出功能,便于控制系统对电机的运转情况加以检测和监控。

(3)离合器:分电动和手动两种工作方式,将电动机的驱动减速,从而驱动传动机构。在停电时,方便采用摇杆控制闸杆的起落。

(4)机械传动装置:四连杆平衡设计,确保闸杆运行轻快、平稳、输入功率小,防止人为抬杆和压杆,将外部作用力通过传动机构巧妙地卸载到机箱上。

(5)电子控制:以光电开关替代行程开关作为定位控制。采用无触点控制,具备多种接口控制方式,包括按钮开关、红外或无线遥控、电脑监控,以弱电控制强电,内置单片机微电脑处理芯片,具备智能逻辑控制处理功能。

在停车场管理系统中,经常发生的就是自动道闸砸车或被冲关的问题,这关系到车辆的安全和车场设备的安全,一般常见的车辆管理系统分为三级防砸车和防冲撞机制。

第一级防砸车机制:当车辆正常驶过并停留在道闸栏杆下时,系统会自动探测到,不论车辆停留多长时间,闸杆也不会落下,不会因为停留时间过长挡杆下落而砸到车辆。

第二级防砸车机制:一般在停车场发生的砸车事件,都不是砸到第一辆车,而是砸到紧跟在后面的第二辆车。当第一辆车正常通过道闸栏杆时,后边的车辆欲跟进,而此时道闸已经探测到合法车辆正常通过,挡杆已开始下落,同时第二辆车刚好到达挡杆下,于是就发生了砸车事故。最好的解决方式就是在自动道闸上安装压力电波开关传感器。压力电波开关传感器主要应用于各种道闸,防止在意外情况下造成对人身及车辆等交通工具的损害,起到应有的保护作用。它通过极低的压力就能保证一个可靠的电路接触开关,并能配合四周的大气压力和温度变化。

第三级防砸车机制:当有车辆非法冲关时,可以采用具有弹性的闸杆(如高速公路中常见的闸杆)。这种闸杆在受到外力的情况下可以横向 $90°$ 弹开。

特别需要注意的是,自动道闸的闸杆不可以过长,通常建议为 $2\sim6m$,超过 6m 的特长道闸需要特别定做。

9. 车辆检测器

车辆检测器俗称地感线圈,由一组环绕线圈和电流感应数字电路板组成,与道闸或控制机配合使用。线圈埋于闸杆前后地下 20cm 处,只要路面上有车辆经过,线圈产生感应电流信号,经过车辆检测器处理后发出控制信号控制机或道闸。闸杆前的检测器是输给主机工作状态的信号,闸杆后的检测器实际上是与电动闸杆连在一起,当车辆经过时起防砸功能。

地感线圈多采用 BV1.0 线缆绕制,一般埋设成矩形(1m×2m)或平行四边形(边仍为 1m×2m,边距 0.8m),距数为 5~10 匝,埋设深度 20cm 左右。

10. 中文电子显示屏

中文电子显示屏多采用 LED 技术(发光二极管技术),包括满位显示屏也采用 LED 技术。在停车场管理系统中采用的 LED 屏为高亮度的、点阵式的显示屏,在户外阳光下,可清晰地显示各种文字信息和部分图片信息,主要用来显示各种欢迎信息、提示信息、收费信息、天气预报和物业管理等信息。

11. 语音提示

语音提示配合中文电子显示屏使用,提供语音提示信息,在用户刷卡时给予温馨的问候(如"欢迎光临")或者使用提示(如"请刷卡"),同时向用户提供停车时间和缴费金额,提高系统的服务质量,提供全方位服务。

12. 对讲系统

对讲系统安装在出入控制机上面,属于可选设备,用于司机和停车场服务人员之间的通话,用户可以通过对讲系统询问相关的问题,服务人员给予相关的提示信息、指导和沟通。对讲设备多选用成熟的第三方产品,而非停车场厂家自己研发集成。

13. 视频卡

视频卡和 PC 式硬盘录像机中的视频处理卡是同一种产品,需要单独购买(由停车场管理系统厂家提供)。通常可处理两路图像:一路用于入口摄像机图像信息的处理;另一路用于出口摄像机图像信息的处理。通常停车场系统中使用的视频卡是 PCI 或其他接口,可以直接插入停车场管理计算机的主板上,由停车场管理系统的图像抓拍软件来处理所有的图像。

14. 出入口摄像机

出入口采用的摄像机和闭路监控电视系统中的摄像机是一样的,在停车场管理系统中需要配置固定摄像机、镜头、防护罩、支架、立杆和聚光灯(主要提供夜间照明或昏暗环境下的照明)组成。摄像机推荐选用低照度、带强光抑制的道路监控专用摄像机,这样抓拍的图像才够清晰;镜头推荐选用广角镜头(焦距不大于 2.8mm)。

第四节　停车场管理系统的车辆管理流程

在每个厂家的停车场管理系统中,车辆的进出流程大同小异,根据系统的建设情况和选用的功能模块的不同而有所差异。停车场的工作流程主要分入场流程、出场流程、值班人员工作流程和管理员工作流程。

一、车辆入场流程

车辆的入场分为固定卡持有者(月卡)车辆入场和临时泊车者(访客、临时卡)车辆入场。车辆入场流程如图 5-1 所示。

1. 固定卡持有者入场流程

(1)车辆驶入入口控制机旁,车辆探测器检测到车辆入场。

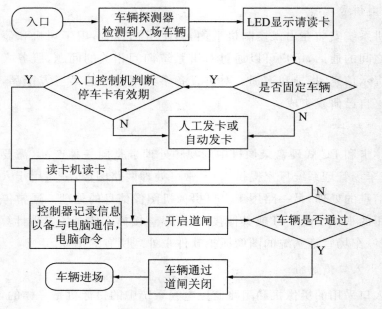

图 5-1 车辆入场流程示意图

(2)值班室电脑自动显示该车辆图像并抓拍入场图像。

(3)司机人工读卡,若卡有效,则发出开闸信号。

(4)道闸自动升起,车牌号、卡号被存入电脑。

(5)司机开车入场。

(6)进场后道闸自动关闭。

2.临时泊车者入场流程

(1)司机将车驶入入口控制机前,车辆探测器检测到车辆入场。

(2)电脑显示录入车牌框,入口控制机"取卡"灯亮,并给出文字、语音提示"请按取卡键"。

(3)司机按动位于入口控制机盘面的"取卡"按钮取卡。

(4)电脑读卡后,入口控制机用文字、语音提示"请取卡",录入车牌被存入电脑。

(5)司机取卡后,道闸杆自动开启,司机开车入场。

(6)进场后道闸自动关闭。

二、车辆出场流程

车辆出场流程与入场流程相对应,原理相同,流程相近,也分为固定卡持有者(月卡)车辆出场和临时泊车者(访客、临时卡)车辆出场。车辆出场流程如图 5－2所示。

1.固定卡持有者车辆出场流程

(1)司机将车辆驶出至车场出场读卡机旁。

(2)司机人工读 ID 卡。

(3)电脑自动记录,并调出该车辆的车牌号。

(4)值班员经图像对比确认后,发出开闸信号。

(5)道闸杆自动升起,司机开车离场。

(6)出场后道闸杆自动关闭。

2.临时泊车者车辆出场流程

(1)司机将车辆驶出至车辆出场收费处旁。

(2)司机将票卡交给值班员或自动吞卡机。

(3)值班员读卡后,收费电脑根据收费程序自动计费。

(4)计费结果自动显示在电脑显示屏及 LED 屏幕上,并给出语音提示,同时调出该车辆的车牌号及图像对比资料供值班员比较。

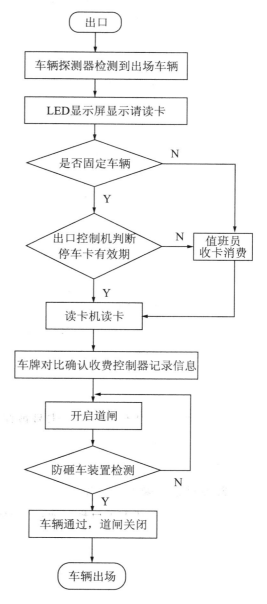

图 5－2　车辆出场流程示意图

（5）司机付款，电脑自动记录收款金额，值班员按下确认键后发出开闸信号。

（6）道闸杆自动开启，车辆出场。

（7）出场后道闸杆自动关闭。

三、值班人员工作程序

值班人员工作程序如图5-3所示。

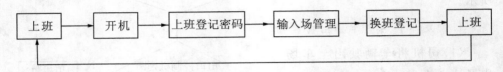

图5-3　值班人员工作流程示意图

（1）电脑开机等待后自动进入停车场电脑管理系统。

（2）操作人员在键盘上输入自己的密码，登记完毕，则进入自己的功能项。

（3）操作人员下班时，必须进行换班登记，鼠标点取"交班"项，电脑自动显示该班的收费情况，并自动打印报表。

（4）换班人员上岗需重复上岗操作过程，方能开始操作管理。

四、管理人员工作程序

管理人员的工作程序如图5-4所示。

图5-4　管理人员工作流程示意图

（1）管理人员输入密码，进入管理人员功能项。

（2）管理人员用鼠标点选各功能项，即可以完成查询、打印、更改密码、发行卡等。

习题五

1. 简述体育场馆停车场管理系统的特点。
2. 简述停车场管理系统的构成。
3. 全自动道闸是怎样进行工作的？
4. 试简述车辆进入智能停车场的过程。
5. 试简述车辆离开智能停车场的过程。

第六章　通信网络系统

第一节　综合布线系统

综合布线系统在现代化的体育场馆起到了信息传输、交互的平台作用。无论是办公自动化、通信网络系统,还是体育工程中的各项系统,均是以综合布线系统为平台。它采用光纤和铜缆,经过合理的设计,构成确保场馆中语音、数据、图像信息的传输。可以说,综合布线系统是智能化体育场馆的"神经系统"。

一、综合布线系统概述

综合布线系统(Premise Distribution System,PDS),又称结构化布线系统(Structure Cabling System, SCS),是 1985 年由美国电话电报公司(AT&T)贝尔实验室首先推出,并于 1986 年通过美国电子工业协会(EIA)和通信工业协会(TIA)的认证,很快得到全世界广泛认同并在全球范围内推广。

综合布线系统采用了一系列高质量的标准材料,以模块化的组合方式,把语音、数据、图像和部分控制信号系统用统一的传输媒介进行综合,经过统一的规划设计,综合在一套标准的布线系统中,将现代建筑的子系统有机地连接起来,为现代建筑的系统集成提供了物理介质。此系统为开放式网络平台,方便用户在需要时形成格子独立的子系统,解决了常规布线系统无法解决的问题。

综合布线系统采用模块化插接件,垂直、水平方向的线路一经布置,只需改变接线间的跳线,改变集线器,增加接线间的接线模块,便可满足用户对这些系统的扩展和移动。综合布线系统可以实现世界范围的资源共享,综合信息数据库、电子邮件、个人数据库管理。布线系统的设备包括光纤、非屏蔽线缆、控制、电源线缆、接插件、信息模块、配线架、机柜、配线箱等。

综合布线系统是涉及建筑、计算机与通信 3 个领域的结合系统，是日益完善的信息系统网络的基础部分，适合于大楼自动化管理、办公自动化管理和通信自动化管理等。PDS 出现的意义在于它彻底打破了数据传输和语音传输的界限，并使这两种不同的信号在一条线路中传输，从而为迎接未来综合业务数据网络(ISDN)的实施提供了传输保证。

二、综合布线系统在智能化体育场馆中的应用

在计算机技术非常普及的今天，计算机设备已大量应用在体育场馆的内部管理和体育设施等各个方面，实现内部计算机系统网络化，是体育场馆智能化非常重要的环节。体育场馆独特的使用功能使得综合布线系统有别于其他的建筑。体育场馆是有比赛特性的场所，更注重综合布线、计算机网络、场地灯光、扩声及与体育竞赛直接相关的计时记分系统、直播系统等的稳定性；由于体育场馆占地面积大、楼层低、设备分散，无论从布点还是设备管理上都会比其他大厦难度高，综合布线的设计思想及施工手段也大不相同；体育场馆是公共场所，更要考虑综合布线的安全性和防火阻燃特性。

三、我国标准的综合布线系统的组成

美国标准的综合布线系统由工作区子系统、水平(布线)子系统、干线(垂直)子系统、设备间子系统、管理子系统和建筑群子系统 6 个部分组成，其中每个部分都相对独立，可以单独设计、单独施工，更改其中一个子系统时，均不会影响其他子系统。

我国建设部于 2007 年 4 月批准了《综合布线系统工程设计规范》(GB/T50311-2007)和《综合布线系统工程施工和验收规范》(GB/T50312-2007)。新规范明确规定，综合布线系统分为 3 个布线子系统，即建筑群子系统、垂直干线子系统和配线子系统(图 6-1)。工作区布线为非永久性布线，在工程设计和施工中一般不被列在内，所以不包括在综合布线系统工程中。

1.建筑群子系统

从建筑群配线架(CD)到各建筑物配线架(BD)的布线均属于建筑群主

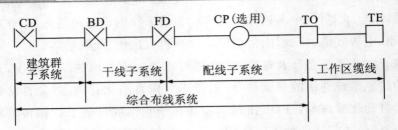

图 6-1　我国标准的综合布线系统的组成

干布线子系统。该子系统应由链接多个建筑物之间的主干电缆和光纤、建筑群配线设备(CD)及设备缆线和跳线组成(图 6-2)。

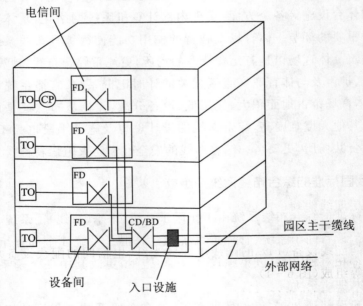

图 6-2　建筑群子系统

2.垂直干线子系统

从建筑物配线架(BD)到各楼层配线架(FD)的布线属于建筑物主干布线子系统。该子系统应由设备间至电信间的垂直干线电缆和光纤、安装在设备间的建筑物配线设备(BD)及设备缆线和跳线组成(图 6-3)。建筑物垂直干线电缆、光纤应直接接到有关的楼层配线架,中间不应有转接点或接头。

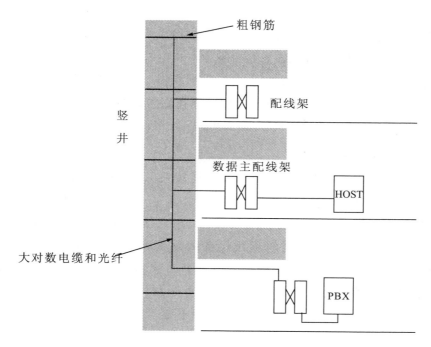

图 6-3 垂直干线子系统

3.配线子系统

从楼层配线架到各信息插座（TO）的布线属于配线子系统,其信道的最大长度不应大于100m。该子系统应由工作区的信息插座模块、信息插座模块至电信间配线设备（FD）的配线电缆和光纤、电信间的配线设备及设备缆线和跳线等组成（图6-4）。

配线电缆、配线光纤一般直接连接到信息插座。必要时,楼层配线架和每个信息插座之间允许有一个集合点（CP）。进入与解除转接点的电缆或光

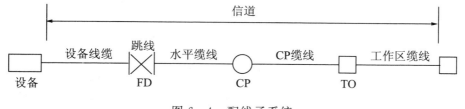

图 6-4 配线子系统

纤应点对点连接,以保持相对应关系。集合点处的所有电缆、光纤应作为机械终端。集合点处只包括无源连接硬件,应用设备不应在这里连接。用电缆进行转接时,所用的电缆应注意是否符合对称电缆的附加串扰要求。

集合点处宜为永久性的连接,不应做配线用。对于包括多个工作区的较大区域,且工作区划分有可能调整时,允许在较大区域的适当位置设置非永久性连接的集合点。这种集合点最多可为 12 个工作区配线。

4. 工作区布线

工作区布线是用接插线把终端设备连接到工作区的信息插座上。一个独立的需要设置终端设备(TE)的区域宜划分为一个工作区,应由配线子系统的信息插座模块(TO)延伸到终端设备处的连接缆线及适配器组成。

工作区设备缆线、电信间配线设备的跳线和设备缆线之和不应大于10m。当大于 10m 时,水平缆线长度(90m)应适当减少。工作区布线随着应用系统终端设备的改变而改变,因此它是非永久性的。工作区电缆、光纤的长度及其传输特性应有一定的要求。若不符合要求,将影响系统的传输性能。

四、结构化综合布线系统的特点

建筑物结构化综合布线系统(Structured Cabling System,SCS),又称开放式布线系统,是一种在建筑物和建筑群中综合数据传输的网络系统。它是把建筑物内部的语音交换、智能数据处理设备及其他数据通信设施相互连接起来,并采用必要的设备同建筑物外部数据网络或电话线路相连接。其系统包括所有建筑物与建筑群内部用以交联以上设备的电缆和相关的布线器件。

综合布线系统与传统的布线系统相比较,其优越的特性表现为兼容性、开放性、灵活性、可靠性、先进性和经济性。

1. 兼容性

综合布线系统的首要特性是它的兼容性。在综合布线出现以前,为一幢大楼或建筑群内的语音和数据线路布线时,往往是采取不同厂家生产的电缆线、配线插座以及接头等。例如,用户交换机通常采用双绞线,计算机系统通常采用粗同轴电缆或细同轴电缆。这些不同的设备使用不同的配线材料构成网络,而连接这些不同配线的接头、插座及端子板也各不兼容。一旦需要改变终端机或电话机位置时,就必须铺设新的线缆,以及安装新的插座和接头。

综合布线系统出现后,它将语音信号、数据信号和监控设备的图像信号等配线经过统一的规划和设计,采用相同的传输介质、信息插座、交联设备、适配器等,把这些性质不同的信号综合到一套标准的布线系统中,这样可以节约大量的物质、时间和空间。

2. 开放性

对于传统的布线方式,当用户选定了某种设备,也就选定了与之相适应的布线方式和传输介质。如果想更换另一种设备,原来的布线系统就要全部更换。

综合布线系统采用开放式体系结构,符合多种国际上现行的标准,它几乎对所有著名厂商的产品都是开放的,如 IBM、HP、DEC、SUN 的计算机设备,AT&T、NT、NEC 等交换机设备,并支持所有的通信协议。这种开放性的特点使得设备的更换或网络结构的变化都不会导致综合布线系统的重新铺设,只需进行简单的跳线管理即可。

3. 灵活性

传统的布线方式由于各个系统是封闭的,其体系结构是固定,如果要迁移设备或增加设备就相当困难和麻烦,设置是不可能的。

而综合布线系统的灵活性主要表现在 3 个方面:灵活组网、灵活变位和应用类型的灵活变化。综合布线系统采用星型物理拓扑结构,为了适应不同的网络结构,可以在综合布线管理系统间进行跳线管理,使系统连接成为星型、环型、总线型等不同的逻辑结构,灵活地实现不同拓扑结构网络的组网;当终端设备位置需要改变时,除了进行跳线管理外,不需要进行更多的布线改变,使工位移动变得十分灵活;同时,综合布线系统还能够满足多种应用的要求,如数据终端、模拟或数字式电话机、个人计算机、工作站、打印机和主机等,使系统能灵活地连接不同应用类型的设备。

4. 可靠性

由于传统的布线方式各个系统互不兼容,在一个建筑物中往往要有多种布线方式,因此建筑系统的可靠性要由所选用的各个系统可靠性来保证。如果各个系统布线不当,还会造成交叉干扰。

综合布线系统采用高品质的材料和组合压接的方式构成一套高标准信息通道,所有器件均通过 UL、CSA、ISO 认证,每条信息通道都要求采用专用仪器校核线路阻抗及衰减率,以保证其电气性能。系统布线全部采用物理星形拓扑结构,点到点端接,任何一条线路故障均不影响其他线路的运行,同时为线路的运行维护及故障检修提供了极大的方便,从而保障了系统的可靠运行。各系统采用相同传输介质,可互为备用,提高了备用冗余。

5.先进性

当今社会信息产业飞速发展,特别是多媒体技术使信息和语音传输界限被打破,因此现在建筑物如若采用传统布线方式,肯定是落后的,它不再能满足目前信息技术的需要,更不能适应未来信息技术的发展。

综合布线系统应用极富弹性的布线概念,采用光纤与双绞线混布方式,极为合理地构成了一套完整的布线系统。所有布线均采用世界上最新通信标准,数据最大速率可达 155Mbps,干线光纤可设计为 500M 带宽,为将来的发展提供足够的冗余。通过主干通道可同时传输多路实时多媒体信息,而且物理星形的布线方式为将来发展交换式的网络奠定了坚实基础。

6.经济性

衡量一个布线方式的经济性,应从初投资与性能价格比两方面加以考虑。

传统的布线方式中所有的弱电子系统互不兼容,每一系统都是独立设计、独立布线,因而每增加一个弱电子系统都要安装一套新的线缆、新的管线,不能混合布线。而且每一子系统都要有自己所独有的不可替换的接插件,作为相互独立的系统还需要铺设各自的管路,不能混用,因而大大增强了布线工期和重复操作。

与传统布线方式相比,综合布线系统的性价比较高,它能更加容易地解决诸多"不可知"的功能需求,能方便地解决新增设备的功能需求,其技术设备储备有着巨大的潜能。在设计阶段,如果考虑到今后的发展需要,只需增加一些费用,便可减小将来的运行费和变更费用。

五、综合布线系统的传输介质

目前,综合布线使用的线缆主要有电缆和光纤两类。电缆有双绞线电缆和同轴电缆,其中双绞线电缆又分为非屏蔽双绞线电缆和屏蔽双绞线电缆。光纤主要有单模光纤和多模光纤。

(一)双绞线电缆

双绞线电缆由多对双绞线外包缠护套构成,其护套称为电缆护套。电缆护套可以保护双绞线免遭机械损伤和其他有害物体的损坏。在综合布线中使用的每一根电缆,其导线都是经过退火处理的。退火处理能改善它的机械性能,使其在特定环境中能减少扭曲和振动应力。

双绞线(Twisted Pair,TP)是一种综合布线工程中最常用的传输介质,是由两根具有绝缘保护层的铜导线组成的,其直径一般为 0.4~0.65mm,常用的是 0.5mm。把两根绝缘的铜导线按一定密度互相绞在一起,每一根导线在传输中辐射出来的电波会被另一根线上发出的电波抵消,有效降低信号干扰的程度。双绞线的缠绕密度、扭绞方向及绝缘材料直接影响它的特性阻抗、衰减和近端串扰。双绞线按其电气特性的不同进行分级或分类。

与其他传输介质相比,双绞线在传输距离、信道宽度和数据传输速度等方面均受到一定限制,但价格较为低廉。

1. 非屏蔽双绞线电缆

非屏蔽双绞线(Unshielded Twisted Pair,UTP)由多对双绞线外包缠一层绝缘塑料护套构成,图 6-5 为 4 对非屏蔽双绞线电缆。

非屏蔽双绞线采用不同的绞距,并结合滤波与对称性等技术,经由精确的生产工艺制成。其中,橙色对和绿色对通常用于发送和接收数据,绞合度较高;蓝色对次之;棕色对一般用于进行检验,绞合度较低。如果双绞线的绞合密度不符合

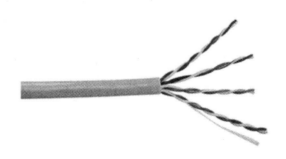

图 6-5 非屏蔽双绞线电缆

技术要求的话,将会引起电缆阻抗不匹配,导致较为严重的近端串扰,从而使传输距离变短,传输速率降低。由于它具有质量轻、体积小、弹性好和价格适宜等特点,所以使用较多,甚至在传输高速数据的链路上也有采用。

2.屏蔽双绞线电缆

与非屏蔽双绞线电缆相比,屏蔽双绞线(Shielded Twisted Pair, STP)电缆只不过在绝缘层内增加了金属屏蔽层(图6-6)。按增加的金属屏蔽层数量和绕包方式,又分为铝箔屏蔽双绞线电缆(FTP)、铝箔/金属网双层屏蔽双绞线电缆(SFTP)和独立双层屏蔽双绞线电缆(STP)3种。

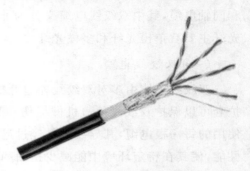

图6-6　屏蔽双绞线电缆

从图6-5、图6-6中可看出,屏蔽双绞线电缆和非屏蔽双绞线电缆都有一根用于撕开电缆保护套的撕剥线。屏蔽双绞线电缆在铝箔屏蔽层和内层聚酯包皮之间还有一根漏电线,把它连接到接地装置上,可泄放金属屏蔽层的电荷,解除线对信号的干扰。屏蔽双绞线电缆外面包有较厚的屏蔽层,所以它具有抗干扰能力强、保密性好、不易被窃听等优点。

(二)同轴电缆

同轴电缆是计算机网络布线中较早使用的一种传输介质,目前还有一些小型的网络仍在使用同轴电缆。通常,同轴电缆用于视频领域较多,在数据电缆传输方面的应用较少。

1.同轴电缆的结构

同轴电缆由中心导体(金属线)、绝缘材料层、金属网状织物构成的屏蔽层和外部的绝缘护套组成,其结构如图6-7所示。其中,中心导体主要用于传导电流,金属屏蔽层用于接地。同轴电缆

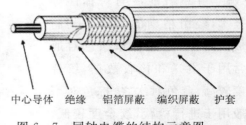

中心导体　绝缘　铝箔屏蔽　编织屏蔽　护套

图6-7　同轴电缆的结构示意图

的中心导体与屏蔽层恰好可构成电流的回路,因此,在制作同轴电缆的接头时,千万不能使屏蔽层的任何部分与中心导体接触,以免发生短路。

2.同轴电缆的分类

同轴电缆可分为两种:一种是 50Ω 电缆,用于数字传输,由于这种电缆多用于基带传输,因此也叫作基带同轴电缆;另一种是 75Ω 电缆,用于模拟传输,也叫作宽带同轴电缆。

(1)基带同轴电缆。基带同轴电缆易于连接,数据信号可以直接加载到电缆上,阻抗特性均匀、电磁干扰屏蔽性好、误码率低,适用于各种局域网络,速率最高为 10Mbit/s。

按同轴电缆直径大小,基带同轴电缆一般可分为细同轴电缆和粗同轴电缆两种。目前计算机网络中常使用的是细同轴电缆。

粗同轴电缆的铜芯比细同轴电缆的铜芯粗,也比较硬,其外表为黄色。对于同轴电缆而言,铜芯越粗,其数据的传输距离就越远,因此粗同轴电缆作为网络的主干网络线,适用于大型的网络,标准距离长,可靠性高。但粗同轴电缆网络必须安装收发器,安装难度大,因此总体造价高。

细同轴电缆直径比粗缆小,因而它比粗缆轻便灵活,但它的数据传输距离较近。其外表通常是黑色,安装较简单,造价低。但安装时需要切断电缆,两头须装上 BNC 终端器,接在 T 形连接器两端,容易造成接触不良而影响整个网络。

为了保持正确的电气特性,同轴电缆屏蔽层必须接地,同时两头要有BNC 终端器来削弱信号的反射作用,否则网络将不能工作。

(2)宽带同轴电缆。其传输特性要高于基带同轴电缆,但它需要附加信号处理设备,安装比较困难,适用于长途电话网、电缆电视系统和宽带计算机网络。通常,宽带同轴电缆的传输速率较高,可以传输数据、语音和影像信号,传输距离可以达到几千米。

(三)光纤

光纤通信是以光波为载频、光导纤维为传输介质的一种通信方式。与电缆传输相比,光纤具有传输信息量大、传输距离远、体积小、质量轻、抗干扰强等优点,适合于传输距离长、数据容量大及要求防电磁干扰、防窃听的地方。

1.光纤的结构及特点

光纤是光导纤维的简称,是一种由玻璃或塑料制成的纤维,可作为光传导工具。传输原理是"光的全反射"。其结构如图6-8所示。

为了保护光纤芯,通常外部包有由塑料或其他材料制成的护套,用于保护光纤和其他光纤部件免受损害。采用光纤传送信号具有频带宽、传输损耗小、传输距离远、数据传输速率高和误码率低等优点。

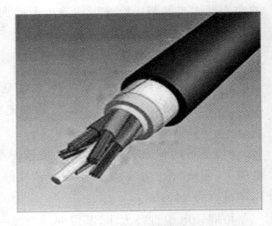

图6-8 光纤结构

2.光纤的分类

按信号传送方式,光纤可分为单模光纤和多模光纤。

(1)单模光纤相对于多模光纤来说纤芯很小,只允许与光纤轴一致的光纤通过,即只允许通过一个基模的光,这种只传输单一模式光的光纤称为单模光纤。此类光纤模间色散很小,传输频带宽,传输容量大,适用于远程通信。

(2)多模光纤直径较大,可以通过各种模式的光。多模光纤的模间色散较大,限制了传输数字信号的频率,且光纤越长,色散越严重。因此,多模光纤适合低速、较短距离的光纤通信。多模光纤比单模光纤便宜,易于安装,多用于主干布线。

六、综合布线的工程设计

在综合布线系统的设计中,应根据场馆的性质、功能、环境条件及长远规划相结合的原则。有些为奥运会而临时建造的运动场馆或其他建筑设施,一旦运动会结束后将拆除,对于这种情况,可采用临时的措施,设置临时的布线系统,在充分考虑其安全性、可靠性的前提下,采用最经济的方式进行铺设。而对于永久性的场馆,则应严格按照综合布线的设计规范,并适当考虑今后发展的余量,进行合理的设置。

体育场馆周边距离长,尤其是体育场,在设计中应严格按水平布线距离的要求,正确选择和设置布线小间。在小间中设置标准机柜的同时,应配置好相应的电源,以满足今后网络设备用电的要求。

(一)综合布线系统的设计等级

体育场馆的综合布线系统应根据实际的需求来选择合适的设计等级,根据我国国家规范,将综合布线系统的设计等级划分为基本型、增强型和综合型,这 3 种型级的综合布线系统都能支持语音/数据等业务,能随智能化建筑工程的需要升级布线系统,不同型级综合布线系统之间的主要差异体现在,支持语音和数据业务所采用的方式,以及在移动与重新布局时实施线路管理的灵活性两个方面。

1. 基本型

(1)基本型设计等级适用于综合布线系统中配置标准较低的场合,用铜芯双绞线电缆组网。它的系统配置为:每个工作区有 1 个信息插座;每个工作区的配线电缆为 1 条 4 对双绞线;采用夹接式交接硬件;每个工作区的干线电缆至少有 2 对双绞线。

(2)基本型综合布线系统大多能支持语音/数据。其特点为:能支持所有语音和数据的应用,是一种富有价格和竞争力的综合布线方案;应用于语音、语音/数据或高速数据;便于技术人员管理;采用气体放电管式过压保护,能够自恢复的过流保护;能支持多种计算机系统数据的传输。

2. 增强型

(1)增强型设计等级适用于综合布线系统中中等配置标准的场合,用铜芯电缆组网。它的系统配置为:每个工作区有 2 个以上信息插座;每个工作区的配线电缆为 1 条 4 对屏蔽双绞线;采用夹接式或插接式交接硬件;每个工作区的干线电缆至少有 3 对双绞线。

(2)增强型综合布线系统不仅具有增强功能,而且还可以提供发展余地。其特点为:每个工作区有 2 个信息插座,不仅机动灵活,而且功能齐全,任何一个信息插座都可提供语音和高速数据应用;可统一色标,按需要可利用端子板进行管理;是一种能为多个数据设备创造部门环境服务的经济有效的综合布线方案;采用气体放电管式过压保护,能够自恢复的过流保护。

3.综合型

(1)综合型设计等级适用于综合布线系统中配置标准较高的场合,用光缆和铜芯电缆混合组网。它的系统配置为:在基本型和增强型综合布线系统的基础上增设光纤系统;在每个基本型工作区的干线电缆中至少配有 2 对双绞线;在每个增强型工作区的干线电缆中至少配有 3 对双绞线。

(2)综合型布线系统应在基本型和增强型综合布线系统的基础上增设光纤系统。其主要特点是引入光纤,能适用于规模较大的智能大厦,其余与基本型或增强型相同。

(二)综合布线系统的工程设计原则

在进行综合布线时,要涉及体育场馆中的语音、数据、图像等各种信息及场馆内自控设备的互连等问题。

(1)综合布线系统的设施及管理的建设,应纳入建筑与建筑群相应的规划之中,必须与建筑物的主体工程协调配合,尽量做到同时设计和同步施工建设。

(2)在综合布线系统工程设计时,应根据工程项目的性质、功能、使用环境和近、远用户要求进行综合布线系统设施和管线的设计。工程设计施工必须保证综合布线系统的质量和安全,考虑施工和维护方便,做到技术先进、经济合理。

(3)综合布线系统应与楼宇自动化、通信自动化和办公自动化等系统统筹规划,按照各种信息的传输要求做到合理使用,并应符合相关的标准。

(4)综合布线工程设计中必须选用符合国家或国际技术标准的定型产品。未经国家认可和产品质量监督检验机构鉴定合格的设备及主要材料,不得在工程中使用。

(5)在综合布线系统工程设计中除了符合国际标准,还必须符合我国现行的通信行业标准和有关规定。

(三)综合布线系统的总体设计

1.工作区子系统设计

一个独立的需要设置终端设备的区域划分为一个工作区,工作区子系统应由配线(水平)布线系统的信息插座延伸到工作站终端设备处的连接电缆和适配器组成。一个工作区的服务面积可按 $5\sim10\mathrm{m}^2$ 估算。确定系统的规模性,即确定在系统中应该需要多少信息插座,同时还要为将来扩充留有一定的余量。工作区子系统的信息插座必须符合相关指标的相关标准。工作区子系统布线长度有一定的要求,要选用符合要求的适配器。工作区适配器的选用应该符合下列规定:

(1)设备的连接插座应与连接电缆的插头匹配,不同的插座与插头应加适配器。

(2)在配线(水平)子系统中选用的电缆(介质)不同于设备所需的电缆(介质)时,宜采用适配器。

(3)当开通 ISDN 业务时,应采用网络终端或终端适配器。

(4)在连接使用不同信号的数模转换或数据速率转换等相应的装置时,宜采用适配器。

(5)对于不同网络规程的兼容性,可采用协议转换适配器。

(6)根据工作区内不同的电信终端设备可配备相应的终端适配器。

2.水平子系统设计

水平子系统又称为配线子系统,它由工作区的信息插座、信息插座至楼层配线设备(FD)的配线电缆或配线光缆、楼层配线设备和跳线等组成。配线子系统设计应符合以下要求:

(1)根据工程提出的近期和远期的终端设备要求。

(2)每层需要安装的信息插座的数量及其位置。

(3)终端将来可能产生移动、修改和重新安排的预测情况。

(4)一次性建设和分期建设方案的比较,从而确定最佳方案。

(5)水平子系统应采用 4 对双绞线缆,必要时可以采用光缆。

(6)配线子系统的配线电缆或光缆长度不应超过 90m。

(7)综合布线系统的信息插座应按以下原则选用:①单个连接的 8 芯插座宜用于基本型系统;②双个连接的 8 芯插座宜用于增强型系统;③综合布线系统设计可采用多种类型的信息插座。

3.干线子系统

在进行干线子系统设计时,应遵循以下要求:

(1)在确定干线子系统所需的电缆总对数前,必须确定电缆中语音和数据信号共享的原则。

(2)应选择干线电缆较短、安全和经济的路由,且宜选择带门的封闭型综合布线专用的通道铺设干线电缆,也可与弱电竖井合用,但不应布放在电梯、供水、供气、供暖、强电等竖井中。建筑物有两大类型的通道:封闭型和开放型。封闭型通道是指一连串上下对应的交接间,每层楼都有一间,利用电缆竖井、电缆孔、管道电缆、电缆桥架等穿过这些房间的地板层。开放型通道是指建筑物的地下室到楼顶的一个开放空间,中间没有任何楼板隔开,例如通风通道和电梯通道,不能铺设干线子系统电缆。

(3)干线电缆宜采用点对点端接,也可采用分支递减端接以及电缆直接连接方法。点对点端接是最简单、最直接的接合方法,大楼配线间的每根干线电缆直接延伸到指定的楼层和交接间。分支递减端接是用1根大容量干线电缆来支持若干个交接间或若干楼层的通信容量,经过电缆接头保护箱分出若干根小电缆,它们分别延伸到每个交接间或每个楼层,并端接于目的地的连接硬件。电缆直接连接方法是特殊情况使用的技术:一种情况是一个楼层的所有水平端接都集中在干线交换间;另一种情况是二级交换间太小,在干线交换间完成端接。

(4)如果设备间与计算机机房和交换机房处于不同的地点,而且需要将语音电缆连接至交换机房,数据电缆连至计算机房,则宜在设计中选取不同的干线电缆或干线电缆的不同部分来分别满足语音和数据的需要。当需要时,也可采用光缆系统予以满足。

(5)综合布线干线子系统布线的最大距离有要求:从楼层配线架到大楼配线架之间的最大距离不能超过500m,从楼层配线架到建筑群配线架之间的距离最大不能超过2000m。

(6)干线子系统的拓扑结构采用星型拓扑结构。

4.设备间子系统设计

设备间是在每一幢大楼的适当地点设置电信设备和计算机网络设备,以及建筑物配线设备,进行网络管理的场所。设备间子系统应由综合布线系统的建筑物进线设备,电话、数据、计算机等各种主机设备及保安配线设备等组成,它们宜集中设在一个房间内。进行设备间子系统的设计时,要考虑以下几个方面：

（1）设备间的所有总配线设备应用色标区别各类用途的配线区。

（2）设备间的位置及大小应根据设备数量、规模、最佳网络中心等因素，综合考虑确定。

（3）建筑物的综合布线系统与外部通信网连接时，应遵循相应的接口标准，预留安装相应接入设备的位置。

（4）安装总配线架的设备间与安装程控交换机及计算机主机的设备间的距离不宜太远。

5. 管理子系统设计

管理子系统是对设备间、交接间和工作区的配线设备、缆线、信息插座等设施，按一定的模式进行标识和记录的系统。管理子系统具有连接水平/主干、连接主干布线系统和连接入楼设备三大应用，它的系统设计包括管理交接方案、管理连接硬件和管理标记。在设计时，要考虑以下几点：

（1）管理子系统宜采用单点管理双交接，交接场的结构取决于工作区、综合布线系统规模和所选用的硬件。在管理规模大、复杂、有二级交接间时，才设置双点管理双交接。

（2）在管理点，宜根据应用环境用标记插入条来标出各个端接场。

（3）交接区应有良好的标记系统，如建筑物名称、建筑物位置、区号、起始点和功能等标记。综合布线系统使用了 3 种标记：电缆标记、场标记和插入标记。其中插入标记最常用。这些标记通常是用硬纸片或其他方式，由安装人员在需要时取下来使用。交接间及两级交接间的本线设备宜采用色标区别各类用途的配线区。

（4）单点管理位于设备间里面的交换机附近，不进行跳线管理，通过线路直接连至用户房间或服务接线间里面的第二个接线交接区。

（5）双点管理除交接间外，还应设置第二个可管理的交接。双交接为经过两级交接设备。

（6）在每个交接区实现线路管理的方式是在各色标场之间接上跨接线或插接线，这些色标用来分别表明是干线电缆、配线电缆或设备端接点，通常分配给指定的接线块，而接线块则按垂直或水平结构进行排列。

（7）交接设备连接方式的选用宜符合下列规定：①对楼层上的线路较少

进行修改、移位或重新组合时,宜使用夹接线方式;在经常需要重组线路时,使用插接线方式。②在交接场之间应留出空间,以便容纳未来扩充的交接硬件。

6.建筑群子系统

建筑群子系统由连接各建筑物间的综合布线线缆、建筑群配线设备(CD)和跳线等组成。对建筑群子系统进行设计时,要考虑以下一些因素:

(1)建筑物之间的缆线宜采用地下管道或电缆沟的铺设方式,并应符合相关规范的规定。

(2)建筑群干线电缆、光缆以及公用网和专用网电缆、光缆进入建筑物时,都应设置引入设备,并在适当位置终端转换为室内电缆、光缆。引入设备还包括必要的保护装置,它的安装应符合相关规定。

(3)建筑群和建筑物的干线电缆、主干光缆布线的交接不应多于两次。从楼层配线架到建筑群配线架之间只应通过一个建筑群配线架。

第二节　语音通信系统

语音通信服务是体育场馆依托所在地的通信资源基础上的体育赛事通信及与其相关业务的服务体系。体育场馆中语音通信服务系统包括固定电话服务、移动通信服务、无线对讲通信服务、无线上网服务系统和无线头戴指挥系统。

一、固定电话服务系统

固定电话服务系统是体育赛事的组织管理、竞赛管理、日常办公的基本通信手段。满足赛事组织要求,固定电话服务系统应具备如下功能:

(1)固定电话接入服务,具有国际和国内点播等常规功能。

(2)ADSL 服务,具有电话与上网共用一线的特点。

(3)提供 IP 电话、IC 电话、200 灵通电话卡等公共服务。

(4)在固定电话网上,可提供必要的固定程控功能。

二、移动通信服务系统

移动通信也是体育场馆日常办公管理、体育赛事组织管理等灵活方便的通信方式,能为工作人员、赛事、观众提供移动电话、短消息与无线上网等服务。

三、无线对讲通信服务

无线对讲通信专网服务系统是对常规固定电话和移动通信服务方式的补充,独立于公众通信网,具有公众通信网所不具备的信道独占的特点,具有快捷、简便、经济的特点。特别是考虑到竞赛组织管理的特殊性,无线对讲通信专网在运动会信息系统调试及运行期间,是场馆范围内即时通信的最佳选择;可应用于竞赛信息系统建设及运行期间的场馆综合布线、线路验收、软件系统现场调测、现场网络维护、紧急情况处理等方面;为运动会竞赛管理、比赛过程控制、应急联络等提供了更加灵活的通信手段;为开闭幕式、竞赛的组织运转、技术系统的联调和运行、组委会调用车辆指挥提供了不可替代的通信手段。

无线对讲通信系统具有以下特点:

(1)申请多频点的有限范围内集群通信服务。

(2)特定环境不同工作群体不同频段的区域通信服务。

(3)开闭幕式、竞赛管理与比赛过程中方便灵活的通信方式。

(4)野外比赛项目必备无线通信手段。

(5)组委会调用车辆的调度指挥通信手段。

四、无线上网服务系统

随着无线通信技术的不断发展,无线上网更多地在日常工作和生活中被广泛应用。为大型体育赛事的全部比赛场馆和重要信息服务场所提供的无线上网信息查询服务,是对现场计算机通信的补充形式,在当今大型运动会上得到普遍的采用。目前的笔记本电脑全部具备无线上网功能,这样记者或者其他工作人员在场馆的应用点便可以获取运动会的各类信息,给使用者提供了方便的应用环境和条件。

无线上网服务范围包括：①各场馆内公共区和记者席位、信息查询室；②新闻中心、记者驻地公共区域等；③竞赛区和技术操作区。

五、无线头戴指挥系统

以无线耳麦设备为基础建立综合指挥系统。系统采用无线接收技术，由发射端和接收装置及调度平台组成。前台的无线耳麦分为三个部分：发声源、接受器和耳机部分，其功能主要是用来将手机或接收器传送来的信号转化为声音再传到人的耳朵里。后台的调度中心把各部门的语音信息按优先级进行同步或异步传输，并及时提高突发事件优先级。在体育场馆赛事组织中，调度指挥系统为各相关单位带来了交流沟通环境和便捷的指挥调度操作环境，指挥系统可随时解决赛事运转中的突发事件和掌握赛事进程。

第三节　有线电视和卫星电视

在智能体育场馆中，卫星电视和有线电视接收系统是适应人们使用功能需求而普遍设置的基本系统，该系统将随着人们对电视收看质量要求的提高和有线电视技术的发展，在应用和设计技术上不断地提高。从目前我国智能化体育场馆的建设来看，此系统已经成为必不可少的部分。

一、有线电视系统简介

有线电视系统采用一套专用接收设备，用来接收当地的电视广播节目，以有线方式（目前一般采用光纤）将电视信号传送到建筑或建筑群的各用户。这种系统克服了楼顶天线林立的状况，解决了接收电视信号时由于反射而产生重影的影响，改善了由于高层建筑阻挡而形成电波阴影区处的接收效果。但是，在智能化建筑中，人们并不满足于有线电视系统仅接收传送广播电视信号这种单一的功能，还需要它能传送其他信号，如用录像机和影碟机自行播放教育节目、文娱节目和调频广播等。

1. 有线电视系统的组成

有线电视系统主要由信号源、前端、干线传输和用户分配网络组成。信号源接收部分的主要任务是向前端提供系统欲传输的各种信号。它一般包括开路电视接收信号、调频广播、地面卫星、微波和有线电视台自办节目等信号。系统前端部分的主要任务是将信号源送来的各种信号进行滤波、变频、放大、调制、混合等,使其适用于在干线传输系统中进行传输。系统干线传输部分的主要任务是将系统前端部分所提供的高频电视信号通过传输媒体不失真地传输给分配系统。其传输方式主要有光纤、微波和同轴电缆 3 种。用户分配系统的任务是把从前端传来的信号分配给千家万户,它是由支线放大器、分配器、分支器、用户终端以及它们之间的分支线、用户线组成。

2.有线电视系统的特点和优点

(1)收视节目多,图像质量好。在有线电视系统中可以收视当地电视台发送的电视节目,他们包括 VHF 和 UHF 各个频道的节目。有线电视采用高质量信号源,保证信号的高水平,因为用电缆或光缆传送,避免了开路发射的重影和空间杂波干扰等问题。

(2)有线电视系统可以收视卫星上发送的我国和国外 C 波段及 Ku 波段电视频道的节目。

(3)有线电视系统可以收视当地有线电视台(或企业有线电视台)发送的闭路电视。闭路电视可以播放优秀的影视片,也可以是自制的电视节目。

(4)有线电视系统传送的距离远,传送的电视节目多,可以很好地满足广大用户看好电视的要求。当采用先进的邻频前端及数字压缩等新技术后,频道数目还可大为增加。

(5)根据不少地方有线电视台和企业有线电视台的经验,有线台比之个人直接收视既经济实惠,又可以极大地丰富节目内容。对于一个城市而言,将再也看不到杂乱无章的大量的小八木天线群,而是集中的天线阵,使城市更加美化。

3.有线电视系统的发展趋势

有线电视随着技术的不断发展和人民生活水平的不断提高,还可以进一步地发展。例如电视频道数目可以不断加多,自办节目也可以不断增加,而且还可以发展双向传送功能,利用多媒体技术把图像、语言、数字、计算机技术综合成一个整体进行信息交流。国外双向系统早已实用化,其主要功能有以下几个方面:

（1）保安、家庭购物、电子付款、医疗。

（2）付费电视节目可播放最新电影等，可以按月付费租用一个频道，也可以按租用次数付费，用户还能点播所需节目。付费用户装有解码器，未付费用户则无法收看。

（3）用户可与计算中心联网，接收数据信号，实现计算机通信。

（4）交换电视节目。

（5）系统工作状态监视。

二、有线电视系统的分类

1. 按系统规模大小分类

A 类：用户数 10 000 户以上，传输距离 1000m 以上；

B 类：用户数 2000～10000 户，传输距离 500～1000m；

C 类：用户数 300～2000 户，传输距离 500m 以下；

D 类：用户数 300 户以下，单幢楼无干线系统。

2. 按频道范围分类

VHF 频段共用天线电视系统：仅限于 VHF 频段 1～12 频道间的传输。

全频道共用天线电视系统：仅限于 VHF、UHF 频段内的电视信号传输。

300MHz 内邻频传输系统：仅限于 VHF 频段内 1～12 频道邻频传输。

300MHz 内增补频道间置传输系统：增补 A、B 两个波段。

860MHz 邻频传输系统。

3. 按传输方式分类

按传输方式可分为同轴电缆单向传输、同轴电缆双向传输、光纤传输信号。

4. 按传输网络结构分类

（1）按树枝形结构布线，连接用户方便，较经济。

（2）按星形结构布线，由中心向四方传输，有利于计算机控制。星形结构一般采用光纤传输，而且双向传输提供了更大的灵活性。

（3）按树-星混合结构布线，既考虑了目前正在建设的电缆电视系统的需要，同时也为今后更新改建为光纤传输、双向传输、数据传输提供了方便。今后若需改建,只需更换某一段干线就可以了。

三、卫星电视接收系统简介

卫星电视是在卫星通信的基础上发展起来的。所谓卫星电视,就是利用地球同步轨道卫星向服务区转发功率较大的广播电视信号使该区内的广大用户能直接收看电视节目的广播方式。

卫星广播电视系统主要从事电视信号的单向点对面的传输,业务范围是活动图像及声音、广播数据、声音广播等。而卫星广播电视系统的星上每转发器功率大,一般都在 $100 \sim 250 \mathrm{W}$ 量级。卫星广播系统现下行主要频段为 $12 \mathrm{GHz}$ 和 $2.6 \mathrm{GHz}$ 段(热带多雨国家选用)。

卫星直播电视主要实现地面"点"对"面"的电视信号传输。因此广播卫星转发器功率一般在 $100 \mathrm{W}$ 以上。地面接收场强可达 $10 \sim 100 \mu \mathrm{V} / \mathrm{m}$。地面用 $1 \mathrm{m}$ 左右口径的抛物面天线和普通低噪声放大器构成的卫星直播接收机就可以直接收看 Ku 波段信号卫星电视节目。

四、数字卫星电视系统的组成与原理

卫星广播电视系统主要是由上行站系统、卫星转发系统和地面接收系统组成(图 6-9)。

（一）上行站系统

上行站系统包括上行站发射系统和地面测控站两大部分。

1.上行站发射系统基本工作原理

上行站发射系统的作用是将电视节目制作中心送出的图像和伴音信号进行调制、均衡、变频处理,将基带信号变为 $14 \mathrm{GHz}$（Ku 波段）或 $6 \mathrm{GHz}$（C 波段）的高频信号（称为上行信号）,经高功率放大后送至馈源,再通过定向天线向卫星发射;同时也接收由卫星下行转发 $12 \mathrm{GHz}$ 或 $4 \mathrm{GHz}$ 的信号（称为下行信号）,包括卫星转发的下行信号及卫星发出的信标信号,经低噪声放大,变频及解调后还原成视频和音频信号,供上行站监测电视传输质量用,信标信号送至跟踪接收机,经放大处理后,送至天线驱动机构,完成天线对卫星自动跟踪。

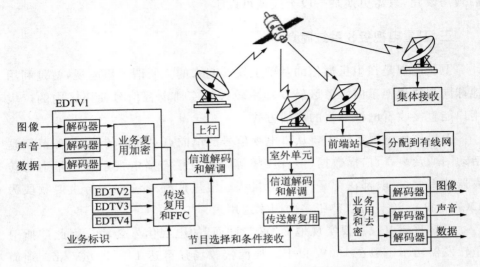

图 6-9　数字卫星广播电视系统整体结构图

上行频率指发射站把信号发射到卫星上使用的频率,由于信号是由地面向上发射,所以叫上行频率。下行频率指卫星向地面发射信号所使用的频率。不同的转发器所使用的下行频率不同,一颗卫星上有多个转发器,所以会有多个下行频率。

2.卫星传送节目的方式

卫星传送节目可分为单路单载波(SCPC)和多路单载波(MCPC)两种方式。

(1)单路单载波(SCPC):是对每一路信号分配一个载波的频分多址方式,它表示每个载波只传送一套电视节目,SCPC 方式适用于仅仅传送一套卫星电视节目的电视台,我国每个省级电视台都属于这种情况。由于仅传送一套节目,因此卫星上行地球站传输的符号率就比较低,典型的数值在 4～7Mbps 之间,同时占用的频带也比较窄,通常不超过 7MHz,这样一个卫星转发器可以传送 5 套采用 SCPC 方式的电视节目。SCPC 方式适用于上行站不在同一地点而需要用同一个转发器的情况,缺点是一套节目需要一个上行站。

(2)多路单载波(MCPC):指几套节目的数据流合成一个数据流,然后调制到一个载波上发送到卫星转发器。目前国内大多数节目以这种方式传输,在上行站内首先对要传送的多套数字信号进行复接,再通过信道编码环节后进行数字调制,最后使用一个载波将信号发送出去。由于传送的节目多,因此与 SCPC 方式相比较,上行站传送的符号率较高,占用的频带也较宽,但频带和功率利用率较高,适用于多路信号在同一地点上行。

3. 地面测控站

地面测控站的主要任务:一是测量卫星的各种工程参数和环境参数;二是对卫星上各设备的工作状态、天线姿态、轨道位置进行控制。

地面测控站是上行站发往卫星的指令执行机构。同步在轨卫星必须对地球或其他基准物保持准确的位置,如收发天线必须对准地球,太阳能电池板必须朝向太阳,卫星的运行周期必须与地球自转同步,在轨位置必须保持在规定的范围内,设备未出现故障必须导出备用,等等。一旦出现异常故障时,卫星上的指令一旦出现异常故障时,执行机构根据地面测控站的指令,迅速启动进行调整或导入备份。

(二)卫星转发系统

卫星转发系统由卫星收发天线、卫星转发器和卫星能源系统组成。

1. 卫星收发天线

早期卫星上转发器不多,星载天线也不多,所以形成的波束很少,基本上是固定指向的面波束,现代卫星由于转发器的增多,星载天线也很多,大多采用点波束或多波束,以实现不同极化、波段和指向的波束辐射。

2. 卫星转发器

卫星转发器实际上是一个高灵敏度、宽频带的空间中继站,它将上行站发来的上行信号,经频率变换为下行信号,再放大到一定功率后向地面指定的区域发射,供地面接收设备接收。目前卫星转发器的发射功率为几十瓦至100W,每一路音视频和数据通道都经一个卫星转发器接收处理后再传输,每个转发器处理的信号都有一个中心频率及一定的带宽,C 波段工作频率为4～6GHz,带宽为 36MHz;Ku 波段为 12～14GHz,带宽为 54MHz;一组通信卫星通常有 12～24 个转发器。

3.卫星能源系统

卫星能源系统包括太阳能电池板和蓄电池。太阳能电池板所获得的电源是卫星的主要能源,平时太阳能电池板为星载转发器提供电源,同时也给蓄电池进行浮充电;在出现星蚀时,卫星进入地球的阴影区,电池板因无光照无法供电,此时备用蓄电池便开始工作,太阳能电池板的寿命决定了卫星的使用寿命。

(三)地面接收系统

卫星地面接收系统由室外单元(包括接收天线、馈源、高频头等)、室内单元(主要是卫星接收机)和它们之间的连接馈线(同轴电缆)组成。

1.卫星接收天线

天线的作用就是在高频电流和电磁波之间进行能量转换,天线既可以发射也可以接收。天线可分为发射和接收两大类,发射天线就是把发射机末级回路的高频电流变换成电磁波并向特定的方向发射出去;接收天线则是把以自由空间为传媒的电磁波还原为高频电流。因此从理论上讲,发射天线可以当作接收天线使用,接收天线也可以充当发射天线使用。接收卫星广播电视信号要求接收天线具有高增益、高效率、低噪声、宽频带、天线指向调整范围宽等特性。

卫星接收天线的种类。按天线的使用材质可分为板状天线和网状天线;按天线的驱动方式可分为普通天线、电动天线和自动跟踪天线;按天线的接收性质和构造可分螺旋天线、平板天线、旋转抛物面天线和球形反射面天线,其中抛物面又分为前馈、后馈和偏馈 3 种天线。

室外单元的天线和馈源合称为天馈系统,其中天线是接收发射到地面的卫星信号,馈源为天线提供有效的照射;室外单元的高频头的作用是将接收到的卫星信号进行放大、下变频,转换为符合接收机接收频率范围(950～2150MHz)内的射频信号,再通过同轴电缆传送到卫星接收机。室内单元的卫星接收机作用是接收 C、Ku 等波段高频头输出的信号,并且为高频头提供电源。将 950～2150MHz 射频信号进行低噪声放大、变频和解调处理后,输出音视频信号,供电视机接收。

卫星地面接收系统分为两种类型:一种是集体接收系统,一般用于有线

电视系统内；另一种是个人接收系统,两个系统组成之间的区别见图 6-10
和图 6-11 所示。

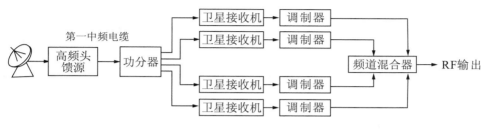

图 6-10　卫星地面集体接收系统

图 6-11　卫星地面个体接收系统

2.卫星接收机

卫星接收机是卫星地面接收系统中的关键组成部分,在模拟卫星广播系
统中使用模拟卫星接收机,在数字卫星广播系统中则使用数字卫星接收机。

(1)模拟卫星接收机:由变频、中放、调频解调、视频信号处理、伴音信号
处理等几个主要单元组成。天线接收下来的卫星信号,经过高频头进行低噪
声放大、下变频和中放形成第一中频信号,然后输入到模拟卫星接收机。

卫星接收机首先对第一中频信号进行高频放大,然后进行变频,将第一
中频变为第二中频,接下来采用中频带通滤波器选择进行中频放大。卫星接
收机一定设置自动增益控制(AGC),它的主要作用是:①当输入信号在较大
范围内变化时,确保输出信号的稳定;②指示卫星接收机的信号强度;③作为
调整卫星接收天线的依据。

中放后采用调频解调器调制出基带信号(BB),基带信号由视频信号和
伴音副载波两部分组成。使用低通滤波器将基带信号中的视频信号分离出
来,然后进行视频处理,其中包括去加重、视放、极性选择、阻抗变换等环节;

将基带信号中的伴音副载波信号也分离出来,然后进行伴音变频,生成频率为 10.7MHz 的伴音中频,进行伴音解调、音频去加重、音频放大,最后得到音频信号。

(2)数字卫星接收机:又称为综合接收解码器(IRD),可分为 DVB-S 和 Digicipher 两种互不兼容的制式。数字卫星接收机 QPSK 解调器之前的变频和中放部分与模拟卫星接收机是相同的,因为其输入信号仍为连续信号;该信号与模拟卫星广播电视信号的区别在于:①调制信号的内容不同;②调制的方式不同。数字卫星接收机输出的仍然是模拟的视频信号和音频信号。

第四节　公共/应急广播系统

体育场馆设置的公共广播系统,发挥着让观众更好地观看和了解比赛情况的作用,同时也为大会组织等提供服务。公共广播包括业务广播、背景广播和紧急广播,故公共广播系统的概念要大于背景广播和紧急广播,不能等同。

在实际应用中,人们经常将公共广播系统和背景广播系统等同,背景广播系统也经常被称为背景音乐系统。在《火灾自动报警系统设计规范》中,对应的广播系统名称为火灾应急广播,与《公共广播系统工程技术规范》中的紧急广播相类似。不过在设计时还要区别对待,要针对广播系统的应用选择适用的标准,显然紧急广播的概念要大于火灾应急广播的概念。

一、公共广播系统的分类

公共广播系统主要可以按照传输媒介、使用性质、复杂程度、使用场合和使用环境分类,可广泛应用于各种类型的场合和环境。

(一)按传输媒介分类

公共广播系统按照传输媒介分为有线广播系统、无线广播系统和网络广播系统。

1.有线广播系统

有线广播系统是目前应用最广泛,也是最成熟的系统,它的传输和终端设备相比,较其他类型的系统更为简单和可靠。终端不依赖电网供电,信号传输非常稳定、抗干扰能力最好,技术上最成熟。

2. 无线广播系统

无线广播系统的原理和调频收音机系统相类似,相当于调频广播系统(如校园网内的无线调频系统),构造简单、灵活,终端设备的分布不受布线情况的影响,但构建成本高、操作性不强而应用较少。

3. 网络广播系统

网络广播系统是一种新技术、新应用,基于网络传输音频信号,原理类似于电话会议系统,后端音源设备、前端扬声器与传统的方式相类似,只是传输部分没有采用音频线缆而是基于网络传输,可以在更大范围内灵活构建一套公共广播系统,传输距离基本上不受限制。可以分区域实现不同的广播播放和双向语音传输,是未来的一种技术发展趋势。

(二)按使用性质分类

公共广播系统按照使用性质分为业务广播系统、背景广播系统和紧急广播系统。

通常业务广播系统和背景广播系统混合在一起使用,也被笼统地称为公共广播系统或背景音乐系统,与消防紧急广播系统相对应。业务广播的优先权比背景广播高,消防广播的优先权比业务广播高。除了极少数有特别需求的场合,消防紧急广播系统通常与背景广播系统混合在一起使用。

1. 业务广播系统

业务广播系统的典型特点是播放的广播内容不是固定的或者随意的,而是在不同时间、不同场合播放不同的广播内容,而且大多数情况下是广播员广播而不是机器广播,所以需要保证足够的信噪比和清晰度,一定要听众能够清晰地听到。

业务广播系统适合于机场、火车站、汽车站、学校等场所,播报车次、航班信息、学校的广播体操、通知、广播寻人、寻物等都属于业务广播。

2. 背景广播系统

背景广播系统属于服务性广播,也称为背景音乐系统。通常这种广播系统的大多数时间用于播放背景音乐,它的主要作用是掩盖环境噪声并创造一种轻松和谐的气氛,若不留意去听,就不容易辨别其声源位置。背景音乐的音量都比较小,不能影响现场人群的谈话。背景音乐所播放的曲目应是令人愉悦的、轻松的,而且背景音乐具有随机性,不限制在什么时间和什么场合播放什么音乐,适用于住宅小区、大厦、宾馆、餐厅、购物中心、大型公共场所等。

3. 紧急广播系统

紧急广播系统常常被用于火灾事故广播(又称为消防广播)和重大事故广播。紧急广播系统的主要作用是火灾、事故报警,在紧急状态下用以指挥、疏散人群(迅速撤离危险场所)。系统要求扩声系统能达到需要的声场强度,以保证在紧急情况发生时,能听到清晰的警报或疏导的语音。紧急广播只是在有事故发生时启用,所以它和人身安全有密切关系,具有以下特点:

(1)紧急报警信号应在广播系统中具有最高优先权;应能强行打开相应的广播区;应便于紧急报警值班人员操作;传输电缆和扬声器应具有防火特性;在电网断电的情况下也要保证报警广播实施。

(2)在有业务广播系统或背景广播系统的情况下,紧急广播系统通常不再额外建设一套,而是在已有广播系统的基础上进行扩充(通常是增加相应的后端设备和联动模块)。这样总的投资会下降,同时也减少了维护费用。

(3)在一些特别情况下,对紧急广播系统的可靠性要求非常苛刻,非要独立成系统不可。但作为独立成系统的消防广播,存在着维护的问题:由于该系统仅仅在极少数发生灾害的情况下启用,因而长期处于守候状态,这样即使系统已出现故障,也无法知道。因此要求定期进行检验和维护,而定期的检验和维护很难做到,这就面临一些困难。

(三)按使用场合分类

公共广播系统按照使用场合可分为公众广播系统、客房广播系统、厅堂广播系统和会议广播系统。

1. 公众广播系统

公众广播系统主要应用于公共场所,如车站、机场、码头、公路、商场、走廊、停车场和教室等,这种系统主要用于语音广播,因此清晰度是需要优先保证的。这种系统在平时也被用于背景音乐播放,在出现紧急情况时,又可用于紧急广播。

2. 客房广播系统

客房广播系统常常应用于酒店、宾馆,包含客房音响广播和紧急广播,常由设在客房中的床头柜控制。客房广播含有多套内容,可供自由选择。在紧急广播时,自动切换为紧急广播。

3. 厅堂广播系统

厅堂广播系统属于专业性的系统,要求比背景音乐要高,通常是一个封闭的场所,要求音质好、效果好,涉及建筑声学问题。一般由专业的扩声系统完成,有专业的设备,很少由公共广播系统实现,但也有极个别系统采用公共广播系统实现。

4. 会议广播系统

会议广播系统通常和视频会议、同声传译、会议表决、大屏幕投影等系统配套使用,通常会单独建设。但考虑到也有背景音乐和紧急广播的需求,有时候也会采用公共广播系统实现。

(四)按使用环境分类

公共广播系统按照使用环境可分为室内广播系统和室外广播系统。

1. 室内广播系统

室内广播系统适用于室内环境,如大厦的内部、酒店的内部、餐厅内,等等。室内广播一般对音质要求较高,要考虑建筑的声学问题,主要存在啸叫、回声、混响时间长等问题。要解决好这些问题,需要进行一些专业的处理。

室内广播系统由于安装的环境较好、安全性也比较高,可以采用一些高质量的柱式扬声器和天花扬声器。

2. 室外广播系统

室外广播系统应用于室外环境,大部分公共广播系统都工作在这种环境下。室外广播系统具有一些典型的特点,如室外环境面积大、情况复杂、天气情况恶劣变化不定,设备也容易被人为破坏,这些因素在设计的过程中就需要考虑。

通常考虑到室外扬声器分布较远的情况,选择 70VAC 或者 110AC 电压进行音频传送可传送较远的距离;室外的扬声器也可以在雨天、低温、高温环境下工作,安装牢固而不容易被盗。通常在室外环境地面上安装扬声器,不适宜安装太昂贵的设备。

考虑到室外环境的绿化和整体规划问题,室外扬声器的种类也比较繁多,如有喇叭型、树桩型、动物型等,一则和环境搭配,二则不容易被发现,也是出于安全和美观的考虑,尤其是在高档小区中显得格外重要。

二、公共广播系统的组成

公共广播属于扩声工程的一种应用,而扩声工程涉及电声学、建筑声学、乐理声学等多种科学的边缘学科。每一种扩声工程的设备都可以分为信号源设备、信号处理设备、传输线路和广播扬声器 4 个部分,故公共广播系统也不例外。传统的公共广播系统采用音频电缆进行传输,也是广播系统的核心技术。虽然公共广播已经可以通过网络进行构建,但原理相通,故以下主要基于传统系统进行论述。

1. 信号源设备

信号源设备主要包括调谐器(收音系统),CD/DVD 机和卡座等,此外传声器、麦克风、电子乐器等也可以归入信号源设备。

2. 信号处理设备

信号处理设备主要包括调音台、前置放大器、功率放大器、输入矩阵、监听器、分区器、定时器、警报器、均衡器、报警矩阵、电源时序器等其他各种信号处理设备。信号处理设备的首要任务是信号放大,其次是对信号的修饰、混合或选择。

3. 传输线路

在常规情况下,公共广播信号通过布设在广播服务区内的有线广播线路、同轴电缆或五类线缆、光缆等网络传输。公共广播信号也可用无线传输,但不应干扰其他系统的运行,且必须接受当地有关无线电广播(或无线通信)法规的管制。

4. 广播扬声器

广播扬声器是公共广播系统的终端设备,系统建设的最终效果取决于扬声器的效果。扬声器需要和项目的要求相匹配,同时也要考虑工作环境的协调性。礼堂、剧场、歌舞厅音量和音质要求高,故扬声器一般用大功率音箱;而公共广播系统,由于对音量和音质要求不高,大多采用几瓦的小功率扬声器系统。由于公共广播的传输距离远,损耗大,通常要求扬声器系统的灵敏度足够高。

三、公共广播系统的基本设备

公共广播系统的基本设备是组成广播系统不可或缺的设备,包括各种广播话筒和信号源设备、广播前置放大器、广播功放;周边设备则不是组成广播系统所必需的,而是用于扩展系统的功能;广播扬声器是用于放音的设备,主要包括各种天花扬声器、音柱、壁挂音箱、号角、喇叭和草地音箱等设备。

1. 广播话筒

广播话筒按照放置的方法可以分为手握式话筒和座式话筒两种:手握式话筒一般悬挂在广播系统机柜的紧急设备上;座式话筒一般放在工作台桌上。按照使用场合可以分为两类:一类话筒放在广播机房内;另一类则可离广播机房较远,这类话筒通常带有分区寻呼功能,称为远程寻呼话筒。同时,按照传输方式可以分为有线话筒和无线话筒。无线话筒多用于演播系统、会议系统和一些交流活动上。

2. 信号源

公共广播系统的信号源主要包括调谐器(收音系统)、CD/ DVD 机和卡座等设备,广播话筒也可以当作信号源。另外,把计算机作为一种信号源也是可以的,毕竟现在有很多网络广播系统。

3. 广播前置放大器

广播前置放大器用于对话筒、节目源等信号进行混合或选择,是指把音频(AUX、MIC)信号放大至功率放大器所能接受的输入范围。前置放大器有两个功能:一是要选择所需要的音源信号,并放大到额定电频;二是要进行各种音质控制,以美化声音。

4. 广播功率放大器

广播功率放大器又称为广播功放,用于对音频信号进行功率放大,推动扬声器发声。与一般音响系统中的功放的最大不同是,它带有音频输出变压器,能将输出电压提升为高压输出(通常是 70V 或 100V),更便于远距离传输。

习题六

1.综合布线系统在体育场馆中有什么作用?

2.简述我国标准的综合布线系统的组成。

3.综合布线系统有哪些传输介质?

4.根据我国国家规范,将综合布线系统划分为哪些设计等级?

5.综合布线系统的工程设计原则是什么?

6.设计体育场馆综合布线系统的管理子系统时,有哪些注意事项?

7.体育场馆的对讲系统有哪些特点?

8.请对我校体育场馆的公共广播系统进行设计。

第七章　体育场馆专用系统

　　场馆专用系统是区别于普通建筑系统的专用系统,是体育场馆所特有的、为满足体育场馆举行、观看、报道和转播比赛所必需的专用系统。其子系统包括:屏幕显示及控制系统、计时记分与仲裁录像系统、电视转播及现场评论系统、售验票系统、计时时钟系统、扩声系统、影像采集及回放系统、升旗控制系统、场地照明及控制系统、比赛中央控制系统等。

第一节　屏幕显示及控制系统

　　为满足体育馆举办各类大型活动的需求,作为现场观众的视觉辅助设施,场馆的 LED 显示系统是必不可少的。体育馆的比分、大屏幕显示系统能够利用强大的控制系统,将视频、图形、标志、新闻以及比赛结果等内容结合起来,并配合体育馆实现集多功能于一体的信息传播功能。屏幕显示及控制系统使用特点分为以下两类。

　　(1)比赛信息显示及控制系统:是指比赛时场馆内使用的各种类型的竞赛信息、成绩的显示、传输、控制系统。

　　(2)彩色视频显示及控制系统:是指比赛时主要用来显示赛事图像,同时也可以显示比赛信息和比赛成绩的显示屏及控制系统。

　　大屏显示系统由硬件部分和软件部分组成,硬件部分包括显示图像和文字信息的显示屏和显示牌、专用数据转换设备、信号显示传输电缆,以及用来控制显示屏、显示牌工作的控制设备和显示信息处理设备。软件部分包括显示屏和显示牌的驱动控制软件、显示信息加工和处理软件。

一、屏幕显示功能需求

1.音视频实时播放

不仅可实时转播现场机位视频图像、有线及卫星电视节目,也可显示文字、图片、动画等,并与音频结合,达到声像同步的效果。

2.信息发布

显示屏应具备比赛成绩、活动信息、广告等的发布及插播功能;并可显示各种时间相关信息,如准确显示时钟、比赛计时、倒计时读秒等。

3.多格式兼容

为满足多种输入信号的播放需求,系统应兼容多格式及制式,且可实现在视频图像上叠加文字、图片、动画等功能。

4.播放控制

大型活动及赛事所用的显示屏,不仅需播放实时图像信息,有时也需用到特技效果及播放技巧。因此,显示系统应具有慢镜头、特写、全景等功能。

二、屏幕显示屏选型及安装需求

1.选型指标

在显示屏的选型上,主要考虑亮度、色度、视角、清晰度、对比度、均匀度、稳定性等指标。在元件选择时,着重考虑发光材料、控制驱动芯片及开关电源。同时应考虑其控制技术的先进性,如静态锁存、视频处理等。

2.安装要求

在显示屏的安装位置、视距及字符高度方面,应考虑制式固定座位的95％以上的观众、以及现场的运动员、演员、工作人员等都能清楚看见屏幕所显示的内容,以保证活动的顺利进行以及现场的气氛。

三、屏幕显示屏系统结构

比分大屏幕显示系统由以下部分组成:大屏显示设备、计时记分及显示设备、显示屏系统后台控制设备。

1.大屏显示设备

大屏显示设备包括中央吊斗形组合显示屏及其升降系统、观众席檐口大板牌显示屏和游泳馆 LED 显示屏。

(1)中央吊斗形组合显示屏。中央吊斗形组合显示屏为上、中、下三层结构。其中上层为环形灯箱,下层为 RGB LED 环形显示屏,用于显示各类视频、动画、图片、文字等广告信息,满足赛事及其他活动的广告等各类需求。中层为 1 块全彩 LED 显示屏及侧角灯箱相间组合,用于显示比赛实时比分和比赛状况,播放比赛、商演时现场实时图像画面。

(2)中央吊斗形显示屏专用升降系统。考虑到体育比赛及其他活动对中央吊斗形显示屏的不同需要,本项目为中央吊斗形显示屏配置升降系统,可通过后台控制其悬挂高度,以便在不用时将其向上方收起,避免对现场灯光及观众视角的影响。本项目的升降系统采用 ELECTRO LIFT 的产品,充分考虑体育馆屋顶平面的钢结构,合理布局,合理分配受力。同时,系统还从机械、电气两方面设计了防故障坠落功能,保障吊斗屏悬挂的稳定性和安全性。

(3)观众席檐口大板牌显示屏。本工程在综合考虑成本因素、建筑条件和显示效果的基础上,选择在观众席的南北面檐口位置设置大板牌显示屏,并采用 LIGHTHOUSE 的 HLC16 模组屏。整个显示屏高 0.76m,长度 21.9m,主要用于播放实时赛事、活动视频以及插播广告、通知等。

(4)游泳馆 LED 显示屏。游泳馆 LED 显示屏同样采用 LIGHTHOUSE 的全彩显示屏,用于显示游泳比赛相关的赛事信息及插播广告等。

2.计时记分及显示设备

计时记分及显示设备区分为体育馆和游泳馆两部分。

体育馆的计时记分及显示设备包括:21 秒计时器及喇叭、倒计时时钟、篮板 LED 指示灯框,操作台及指示灯条、接口箱及网络设备。主要用于为篮球、排球等比赛提供符合相关规则的操作及信息显示。

游泳馆计时记分及显示设备包括:计时主机、发令系统、出发台、计时触板、控制工作站、成绩处理工作站、网络设备及相关软件,主要为游泳训练、比赛提供符合相关规则的操作及显示。

3.显示屏系统后台控制设备

显示屏系统后台控制设备包括视频服务器、视频图像处理器、主体及辅助控制系统设备、显示屏控制器,主要用于后台的视频、动画、广告的编辑工作。后台设备与末端显示屏共同构成完整的 LED 大屏幕显示系统。

第二节　计时记分与仲裁录像系统

在重大体育比赛中,计时记分系统已经成为体育比赛不可或缺的基础技术设施,在体育比赛中发挥着越来越重要的作用,为比赛的顺利进行,帮助裁判做出客观公正的判罚提供了保障。体育计时记分系统除了能够协助裁判进行计时、记分、统计比赛数据、实现名次判定等功能之外,对于体育赛事的转播,为观众及时了解体育赛程状况、比赛结果等相关的信息提供了便利和可能,也是实现数字体育的一种具体设备。

一、计时记分系统概述

计时记分系统是一个负责各类体育竞赛技术,支持比赛的数据采集和分配的体育场馆软、硬件专用系统。它负责各类体育竞赛结果、成绩信息的采集处理、传输分配,将比赛结果数据通过专用技术接口(界面、协议)分别传送给裁判员、教练员、计算机信息系统、电视转播与评论系统、现场大屏幕显示系统等。

计时记分系统是针对各类体育场馆或场地比赛用的管理系统,包括赛队信息管理、比赛记分、多媒体显示、实时视频显示、赛后统计等多种功能。由于体育竞赛的不可重复性,决定了计时记分系统是一个实时性很强、可靠性要求极高的以计算机技术为核心的电子服务系统。因此,计时记分系统自身组成独立的采集、分配、评判、显示发布系统,做到所有信息的实时、准确、快捷、权威。

根据场馆举办不同的赛事项目,其所使用的计时记分设备也不尽相同,具体方案可按照各项目竞赛规则和赛场操作要求进行设计。系统作用主要是可靠而准确地获取运动员的比赛成绩,同时把相关信息及时由大屏幕设备显示出来,让在场的嘉宾、评委、观众都能及时了解到最新的赛场信息。

如今,电子计时记分系统及相关设备已经成为各类体育比赛中不可缺少的电子设备,计时记分系统设计是否合理,关系到整个体育比赛系统运行的稳定和可靠,并直接影响到整个体育比赛的顺利进行。

二、计时记分系统的主要功能

计时记分系统是用于各类室内外体育比赛场所举办比赛时所使用的一套系统。通过比赛裁判或指定工作人员的现场操作,控制比赛节奏和统计比赛数据,并通过现场显示系统将所操作的结果自动显示出来。每一个运动项目都对应着一个专门的计时记分系统,并各自有着不同的工作内容和技术方式,计时记分系统是由多种技术设备并采用专门线路按运动项目特点组织起来的,为使计时记分系统运行良好,必须首先保证每个工作系统基本功能的完整。为保证测试成绩的一致性和公正性,通常使用单项协会指定产品。计时记分系统是体育竞赛、大型运动会成绩的最终来源,从使用的角度来看,是一点对多点,对于不同系统的信息,需要开发不同的适配接口,并完成与现场成绩处理子系统的对接。

计时记分系统是根据不同项目竞赛规则对比赛过程中产生的成绩信息进行采集、数据处理、监视、量化处理、显示公布的工作过程,无论哪项比赛,计时记分系统都由计时、记(评)分、测量、显示、传输等设备组成,系统应满足以下基本功能:

(1)能够实时准确地完成竞赛项目的信息采集、处理和传递,保留原始成绩资料并有备份安全措施,达到提高比赛质量,提高工作效率的要求。

(2)系统应具有良好的用户界面和系统连接界面,具有与场馆显示屏、现场成绩处理、电视转播的标准接口能力。

(3)系统应具有对各类比赛现场环境条件的适应能力,并为其他系统提供计时记分系统分配传输成绩信息的能力,设备体积精巧、功能强大、操作简便、数据安全稳定准确。

(4)系统的构成必须功能齐全、方案合理、构成严谨,在满足体育赛场智能化、规模化要求的同时,尽量减少人工干预。

三、计时记分系统的基本构成与技术要求

计时记分系统主要分为数据采集部分、数据处理系统和显示系统。由硬件部分和软件部件组成,硬件部分包括采集比赛成绩的记分设备、数据传输设备、成绩显示设备、数据处理设备,软件部分包括计时记分数据的采集处理信息加工和处理软件、成绩处理和发布软件等。体育计时记分系统必须在国家体育总局信息中心监制下研发生产,并通过国家体育总局专业机构的认证。另外系统的质量功能和外观设计必须符合国际标准,操作简便,功能齐全,稳定性强,适用于国内外各级各类别体育场馆。

计时记分系统主设备构成及技术要求如下。

1. 电子计时设备

计时系统设备在比赛中专门对时间数据进行测定,累计或处理,精度要求极高,精确度须达到 1/1000 秒。计时系统又可分为时段控制计时和时速测定计时两大类。时段控制计时是指对有时间限制的比赛项目进行运动时间控制,一般要求具有对时段长短进行设置、复位、中断、恢复计时及报警等功能;时速测定计时是指对竞速的比赛项目可自动完成运动时间的测定、比较、排序等功能。

2. 电子记分设备

电子记分系统是依比赛规则对参赛者的运动行为及其环境因素进行测定、示警和得分累计记录,并最终完成控制竞赛过程,提供量化的成绩数据,将其结果在配属的显示器上予以实时准确地显示,同时向相关部门传送比赛信息。

3. 电子测量设备

电子测量系统设备要求对比赛的高度、距离、风速、风向及其他比赛环境因素进行精确的测量,以便提供各种数据并最后核实比赛成绩。

4. 电子裁判设备

电子裁判设备是采用当代先进的高新科技手段制作,为竞赛裁判工作服务的综合电子信息设备系统,主要用于竞赛争夺激烈,胜负决定于瞬间、毫厘的比赛项目。具有快速准确最大限度地减少人为因素干扰的优点。

5.电子提示设备

电子提示设备在比赛中为运动员提供声、光等信号,以便提醒比赛进行过程的各种情况。

6.技术接口设备

技术接口设备是计时记分系统各类不同的设备与运动会技术支持各子系统之间进行信号数据交换的界面匹配设备。为使竞赛信息在不同的设备和各子系统之间互通并准确地认读,就必须对源信息(数据、信号等)进行变换处理,以便达到计时记分设备和各子系统之间的信息交换在技术上满足相匹配,比赛成绩数据信号传送畅通无阻,实时准确,且万无一失。

7.系统软件

不同项目的计时记分系统是靠相应的软件来实现管理功能的。软件要求能进行比赛规则设置、显示设置;可任意调整显示内容;可任意调整显示字体字号等;可保存当前比赛各队信息;可调入提前输入的比赛各队信息;可修改比赛统计数据等。

四、计时记分系统建设原则

为了使计时记分系统更好地为体育赛事服务,在实施计时记分系统研发和建设时应考虑以下几个方面的因素:

(1)计时记分设备由各单项竞委会根据比赛要求配制,并必须保证各单项计时记分系统的功能完整性和符合最新竞赛规则要求。

(2)评分设备必须采用国家体育总局各项目管理中心和各单项体育协会认定的产品,计时设备采用国际体育组织认定的设备。

(3)为节省投资,考虑到赛后设备的沿用性和使用率,显示设备尽量采用点阵显示方式,同时考虑配置相应的多种显示软件。

(4)现场计时记分设备必须具备计算机通信的数据接口,以满足数据信息的自动、高速处理与比赛结果的公布。

(5)系统设备的安装、调试、运行将以设备供应商和经过专业培训并参加过多次大型体育活动的、有较丰富实际经验的人员为主进行操作。

（6）每个计时记分系统均是针对每个相应的运动项目而设置配备的也需要符合国际、国内各单项体育组织的要求。

五、计时记分系统的发展趋势

目前，计时记分系统已经成为体育竞赛的重要工程项目，是关系到竞赛成败的关键工程，每一个单项体育竞赛都具有对应的专门计时记分工作系统。计时记分系统支持的比赛项目包括：球类、田径类、重竞技类、体操类、水上项目类、射击类和其他项目类，如马术、击剑等。

计时记分系统不是最初就有的，而是在现代奥运史的发展中，随着时代的演变、根据比赛的需要而逐渐产生的，随着比赛的推进而逐步得到了技术提高。其中与之相关的几项重要技术，比如照相技术、电子计时技术的成熟运用，几乎与现代奥运会的复兴同步。

在 1912 年的斯德哥尔摩奥运会上，奥运会的组织者开始考虑借助科技手段——电动计时器和终点摄影设备进行成绩判断。实验性安装的电动计时器能快速、准确地测得每个运动员的比赛成绩，终点摄影设备则解决了确定终点成绩的问题。当时的田径竞赛成绩被国际田联追认为这些项目的第一个正式世界纪录。从此以后，奥运会上的计时记分系统技术不断得到改进和提高，几乎每一届奥运会，电子计时记分系统都在不断推陈出新，不断引领着体育赛场上计时记分系统的发展方向。

在 2008 年的北京奥运会上，计时记分系统充分体现了科技奥运的理念。先进的计时系统，无疑成了奥运会赛场上最公正的裁判。无论是菲尔普斯在 100 米蝶泳决赛中以 0.01 秒的优势惊险获胜，还是田径赛场上的"集体冲刺"，它都能寻找出谁是真正的冠军。

在北京奥运会和残奥会上，37 个场馆的 28 种运动项目计时记分器材重达 400 多吨。在鸟巢的百米终点，一种在奥运会上首次使用的新技术，甚至可以一秒钟拍摄 2000 张照片，帮助裁判辨认谁是"飞人"。

相信，随着科技和以计算机技术为基础的信息技术的不断发展，体育场馆计时记分系统会向着更加准确、方便、快捷、实时的方向发展。

六、仲裁录像系统

综合性运动会全球化的发展给体育运动带来了越来越多关注的同时,体育比赛中产生的争议也受到了更多的关注,如何对待体育比赛中有争议的判与罚,成为体育界和大众共同关心的问题。体育赛事中引入仲裁录像,对体育比赛中有争议的判与罚提供快速、客观、坚强有力的技术支持;赛事中辅以仲裁录像来辅助仲裁体育争议得到了国际奥委会、国际单项运动协会和越来越多的国家的认可。仲裁录像辅助裁决具有快速、经济、公开透明等特点,更重要的是,在比赛进行中辅助裁判的裁决,尤其是在打分、记点的项目中。

我国综合国力的增强、体育制度的完善和体育科技服务理论体系的完善,为体育科技服务创造了良好的发展环境,这些为仲裁录像的良好发展提供了必要条件。随着仲裁录像体系及制度的建立和不断完善,仲裁录像已经由初始的概念和意义延伸到体育科技服务范畴。体育仲裁录像是科技服务于体育、体育与科学技术密切结合的产物。在体育比赛中,仲裁录像系统已经得到越来越广泛的运用。

由于不同的比赛项目具有不同的规则和特点,如何将这个新兴的辅助裁判的手段应用到更多的体育单项比赛中,并且发挥其更多的作用,已经成为仲裁录像的主要研究方向,仲裁录像的应用将对单项体育运动发展产生强大的推动力。仲裁录像作为一种体育科技服务的手段/形式,可以以各种形式出现在体育比赛中。为使得仲裁录像得到更广泛的应用,还需要更多的深入研究。

第三节　电视转播及现场评论系统

为满足体育场馆比赛时电视转播的需要,体育场馆宜具备现场电视转播的条件。电视转播系统是将各摄像机位的摄像信号、现场评论员席的电视信号送至停于室外的电视转播车,进行编辑后,通过转播机房的光缆接口传输至电视台,然后向外转发,并直接在本地电视台中播放。对具备重大比赛(国家级、洲际性和世界性比赛)的体育场馆应考虑在场馆内部或场馆外设置临时性电视转播机房,机房的面积和环境需满足电视转播的需要。

一、系统设计原则

体育场馆应在场馆内部设置临时性电视转播机房,机房的面积和环境需满足电视转播的需要。为保证比赛场馆电视转播的顺利进行,体育场馆应为电视转播提供可靠的、足够容量的配电。

二、系统设计依据

设计方案应依据以下标准进行设计:

(1)JGJ/T131－2000 建设部《体育馆声学设计及测量规范》;

(2)JGJ31－2003《体育建筑设计规范》;

(3)GB/T14476－1993《客观评价厅堂语言可懂度的"RASTI"法》;

(4)GB/T14948－1994《30MHz～1GHz 声音和电视信号电缆分配系统》;

(5)GBJ/232－1990,1992《电气装置安装工程施工及验收规范》;

(6)SJ2112－1982《厅堂扩声系统设备互联的优选电器配接值》;

(7)国家有关规定的与扩声系统相关的人身安全,消防法规、条例;

(8)JGJ/T16－92《民用建筑电器设计规范》;

(9)GB/T50314－2000《智能建筑设计标准》;

(10)GB50348－2004《安全防范工程技术规范》;

(11)GB50198－1994《民用闭路监视电视系统工程技术规范》;

(12)GB50200－1994《有线电视系统工程技术规范》。

三、系统设计

(一)摄像机位的设计

电视转播系统的前端信号源主要指摄像机机位的布置,一般分为主播摄像机机位和其他摄像机机位。

1.主播摄像机机位

(1)主播摄像机用于国内信号的电视制作系统。

(2)主播摄像机机位是在比赛场地或观众席内放置摄像机的位置,一般主要分布在赛场、观众席、运动员入口、混合区等区域。

（3）位于观众区域的机位一般应设置平台，对于重要场馆，应设置部分永久平台，其他可设置临时平台。

（4）平台应略有高度，视线内不应有任何遮挡物，同时也应尽量减少对观众的影响，平台面积应不小于 $2m \times 2m$，以方便摄像师的工作。

（5）比赛场地周边的机位依具体情况，应设置临时平台或使用三角轮。

（6）在赛场和观众席顶部，宜架设快速移动轨道、索道、吊缆摄像机。

2. 其他摄像机机位

（1）其他摄像机机位是提供给国内外媒体、关键用户等广播者用于拍摄现场架设摄像机的位置，一般主要分布在赛场、观众席、运动员入口、混合区等区域。

（2）位于观众区域的机位一般应设置平台，比赛场地周边的机位依具体情况而定。其他摄像机机位平台均为临时性平台，平台的设置要求与主摄像机位的要求一致。

3. 摄像机机位的设置

（1）不同的比赛项目对电视转播机位的要求不同，应根据比赛项目对电视转播工艺的要求来设置电视机位。

（2）摄像机位的设置应保证其所需拍摄的场地的灯光照明满足对场地照明的规范要求。

4. 电视转播电缆通道的设计

（1）在体育场馆铺设专用缆沟（含电缆吊架），缆沟主要服务于电视转播系统，不能与供配电系统共用。

（2）缆沟通常应设置在暗处，便于临时铺设线缆，避免观众或一般工作人员触碰，确保其安全；实际设计中可以采用缆沟和吊架相结合的方式。

（3）缆沟应连接体育场馆内的电视转播机房、电视转播车辆停车位、各个摄像机机位、混合区、评论员席、新闻发布厅、现场成绩处理机房、大屏幕控制室等。缆沟的断面宜不小于 $0.3m \times 0.15m$。

（4）缆沟的设计要考虑到防水问题，放缆、收缆方便，外观整洁，不影响他人工作。缆沟要求上面有覆盖物，不能露天放置。

5.评论员席的设计

(1)评论员席是广播电视媒体用于评论赛事的重要装置。评论员席通常位于场馆内最佳坐席区域,能够方便地全面观察比赛进程,通常评论员席面积约为 3～4m²,占用 4 个普通坐席的位置。

(2)每个评论员席只供一家媒体使用,各场馆应根据举办比赛的级别和对电视转播的需要量,来设置评论员席的数量。

(3)各评论员席间做声音隔离,避免相互间干扰,但又不能影响视线。

(4)本馆建议设置 1～2 个重要用户评论员席,面积 6～8m²。

(5)评论员席内设备:评论盒 1 部、信息终端 1 台、电话 2 部、电视机 1 台、台灯 1 盏。应根据这些设备要求,设置相应的设备连接端口。

(二)混合区的设计

混合区是各媒体记者对比赛运动员进行比赛现场共同采访的区域。体育场馆需设立一个混合区,大小面积依场馆赛事规模确定。

混合区设立在运动员出入赛场必经之路,该区域能够满足摄影、摄像的灯光照明,同时应设有电视转播缆沟,以满足电视转播的需要。

1.媒体记者服务区的设计

媒体记者服务区是现场报道记者(包括文字记者、摄影记者、电视记者等)的休息区域以及媒体看台区。

现场记者区一般要求入口处设出入检验通道,区内设有信息查询终端,并提供语音通信、数据通信、有线电视、资料打印复印等服务。

2.特种车辆停车车位的设计

(1)特种车辆车位用于停放电视转播特种车辆的车位,包括电视转播车、发电车、卫星传送车、通信专用车等。

(2)停车位应尽量靠近电视转播机房,以便利用其缆沟等设施。

(3)单个停车位的面积不小于 5m×20m,车辆重量按 40 吨计算,并为车辆提供电力接入,车辆的设备功耗约为 20kW。

(4)为电视转播车辆提供语音和计算机网络连接接口,并连接场馆内电视转播机房的电缆通道,缆沟需具备防雨措施。

（三）电视转播机房的设计

（1）通常电视转播是通过停在场馆外的电视转播车来完成的,在场馆内设置1个电视转播机房,为电视转播车提供电力供应、通信连接以及为场馆内电视转播电缆进出场馆的连接通道服务。

（2）电视转播机房提供语音通信插座、电源插座、计算机网络插座,同时非常重要的是要预留电视转播机房和场馆内电信机房间的单模光缆通信接口,以便经编辑完成后的电视信号可以通过通信光缆转送到当地电视台,供电视转播使用。

（3）电视转播机房应和场馆内的电视转播缆沟连通,同时还要和电视转播车辆的停车位通过缆沟进行连通。

（4）预留音视频矩阵,为电视转播提供接口。

（四）电视转播供配电系统的设计

1.电视转播机房

（1）电源柜1个,柜内380V电源由市电和备用电源提供,两路电源可实现互投,电源接地采用TN-S。

（2）机房用电量约为50kW,如需向室外电视转播车供电,需提供连接电视转播车的电缆通道。

（3）机房宜提供专用工艺接地。

2.评论员席

为每个评论员席提供220V 10A插座,插座不少于5个,或提供1个5组以上的10A插销板。

3.媒体看台区

为每个文字媒体员席提供220V 10A插座,提供1个3组以上的10A插销板。

4.混合区

为每家媒体提供220V,5组以上的10A插销板1个。

5.特种车辆停车位

在车辆停车位附近设置室外配电柜,电容量不小于50kW,也可以通过连接电视转播机房的电缆通道,由转播机房内的配电柜供电。

第四节　售验票系统

近年来,随着电子技术的发展和数字网络技术的广泛应用,建筑智能化已经不仅是高科技的体现,而且还是人们社会活动不可或缺的使用内容。数字技术基于模拟技术良好的自动化、程序化和智能化的特点,更加凸显其集成化和网络化的优势。

体育场馆是体育竞赛的基本设施,传统场馆只是单纯为运动员比赛和观众观看使用。随着体育科技的应用,体育比赛更加吸引观众的观看和参与,各种体育相关产业也已应运而生。新的体育场馆建设理念,也从单纯赛事型向综合产业型转变,对智能化的需求就显得更加密切和迫切。

体育场馆运行的最大特点就是人群的高度集中,最重要的管理任务就是安全,对所有进出人员的管理只有通过查验票证来实现。因而,对大量进出场馆的各类人员进行有序、高效的管理,已成为现代化大型比赛场馆的重要任务之一。以下文章所述,就是我们在天津奥林匹克中心体育场建设中,利用智能化数字技术,结合体育场馆各种体育赛事和相关产业的需求,完成的自动售检票系统的应用设计。

一、售验票系统在体育场馆中的重要性

体育场馆与机场、车站、码头、影剧院、展览馆一样,同属大型公共建筑。不但是公众活动的场所,也是一个城市的标志性建筑。而以上几大公共建筑都有一个共同的使用特点,就是凭票进入特定区间,售检票系统就成为不可缺少的服务环节。

传统的售票形式与一般其他商品无太大区别。交钱出票,交易结束。随着技术的不断发展,服务的不断扩展,自助式售票、网络售票、手机售票等形式层出不穷、日新月异。而随着售票及票形、票质的不断变化,检票形式也在不断地发生变化。从原有的人工检票发展到持手机扫描检票、门闸机自动检票等。

前面所提到的各种大型公共建筑,虽然同为公共场所,但还是有所区别。

体育场馆的特点有:①人员聚集的阶段性;②人员成分的多样性;③建筑物人口的分散性;④社会影响的重要性。

首先,人员聚集的阶段性是指体育场馆的各项活动,有着时间短、人员较为集中出入的特点。一场足球赛全场比赛加中场休息时间,一般不超过两个小时。开赛前一个半小时至半个小时,进场人数不会超过50%。而开赛前半小时至开赛后10分钟,另外50%的观众会集中进场,因而造成检票口拥阻和滞留现象。这种现象在其他大型公共建筑中是较为罕见的。而开赛后直至散场前半小时,检票口的出入人数不会超过1%。比赛结束前半小时直至赛后半小时的一个小时时间内,会有将近95%以上的观众退出场馆区域。一般在赛后一小时左右,人员散尽,场馆清场。

其次,是人员成分的多样性。虽然公共场所的人员本身就带有多样性特点,而体育场馆就更加突出。年轻人是观看体育比赛的主要成分,其特点为:情绪激昂、行为粗犷。残疾人是体育场馆必须重点关照的特殊群体,无论是通道、电梯,还是座位、卫生间,都必须配有专门服务设施,检票也不例外。团体也是经常出现的人群,其中有企事业单位、学校团体,自发的球迷组织团体等。对待团体入场,体育场馆都必须有特殊安排。

再有,就是建筑物入口的分散性。一般火车、汽车、飞机场和影剧院都会在同一个方向设多入口,并分时序疏导人群。即便是地铁,也多在两个方向设出入关口。而体育场馆一般最少是四个方向,有的甚至更多。这就对检票设施提出了网络数据传输的距离问题。

体育场馆虽然也是一个公共场所,可它的影响力会经常成为新闻热点。体育场馆服务设施的好坏,经常成为人们关注的焦点。因此,体育场馆各项服务设施的完善与否,确实关系到社会的和谐和政府的形象。

二、售验票系统在体育场馆中的应用

体育场馆中验票系统主要通过以下票据输入、票号上传、结果回传三个步骤来实现整个系统的运作流程。

票据输入。从网络售票站或本地售票处,把发售的门票在开始检票以前,下载到主控单元中,如果在检票的同时,有临时买票的观众,也可以把门票实时地下载到主控单元中,主控单元再将信息下载到检票识别系统的本地控制单元中。

票号上传。本地控制单元从头读取持票人的票号,与保存在内存中的名单进行比对。如果是正确票,控制门闸开启;如果是错误票,则在门闸的显示部分输出报警信息。

结果回传。本地控制单元将信息上传主控单元,主控单元再与保存在内存中的名单进行比对,然后把持票人的操作过程形成记录保存,等待操作站来采集、上传。对于中途进出通道的持票人,出去时也需要读票,主控单元修改相应的操作记录和名单内容,以便在再次进入时识别票的合法性。对于错误票或有争议的票据,可以通过工作人员的手持验票机做妥善处理。

考虑到体育场门闸检票系统的应用特点,我们在施工过程中对如下设计进行了完善:

(1)观众的年龄结构不同于乘客,喜好观看比赛的多为年轻男性,且身强力壮者居多,所以检票机的设计要结实、耐用,与常见的剪切门、拍打门和玻璃旋转门等相比,三辊闸机最低无故障运行次数达 500 万次,能够保持100%全天候 24 小时连续工作,不会因为连续运行出现任何过热故障,堪为首选。

(2)体育场的门闸检票系统利用时间比较集中,因此"迅速"检票是关键。按照全场坐席 60 000 人次计算,若需要开赛前一个小时开始检票,则必须达到每秒钟 1000 人次的通过率。那么,常见的传送带式检票机就不能够达到我们的要求,迅速识别且通行的过程就显得尤为重要。我们所选用的检票机能够迅速识别票据的合法性,当观众将票据插入进票口,如果票据可被识读,则与内存中数据甄别后将往进入方向传送,闸机通行提示灯显示绿色箭头,观众取出票据,辊闸的阻挡臂往前轻微移动,提示观众通道已经开放,可以通过,这一"通行引导"作用也能大幅度提高通行效率,这时观众可步入通道,闸杆由电机轻柔驱动,往通行方向转动,观众通过闸机。如果票据不可识读或为非法票据,通行指示灯变红叉,闸机发出报警信号。此过程识别速度大于2 秒/人,即每分钟最少可以通过 30 人,体育场共设有 58 台检票机,这么说每分钟最少就可以通过 1740 人,若加上 20 台手持检票机,那么整个体育场每秒钟的通行人数将远远大于 1000 人次。当连续多次输入信号时,闸机还具有记忆功能,在客流量较大的时候能够提高通行速度,这样就保证了观众在开赛前可以顺利通过,并且有效避免了秩序混乱。

(3)在某些通道控制上,通常由于通道结构限制或人性化管理的需要,考虑到老幼病残等弱势群体及集体观赛的通行问题,标准的出入口控制设备不适合使用,我们专门设置了20台手持检票机及9个无线登陆点。该手持检票机采用条码检票,与其他检票设备兼容,通过无线网络传输数据,比检票机具有更强的扫描识读能力并带有键盘输入功能,可以用来处理条码不清、票据折损等有争议门票,并能准确识别假票。

(4)当出现紧急状况,例如检票期间人员拥挤时,会对闸机造成强大的冲击力,阻挡臂能以小角度向前转动至打开,也可通过外部强行干预使阻挡臂自动落下,快速开放所有闸机,以便人员疏散,避免因拥堵造成人员伤亡。再比如体育场突然断电,阻挡臂可自动落下并在外界控制或上电情况下自动复位,并且闸机具有掉电保护措施,在控制器失电时能安全保护用户数据一年不丢失,这时就可以借助无线手持检票机继续进行检票。

(5)为满足比赛或演出中间休息时段观众的进出要求,我们所选用的闸机需具备双向检票功能并且可以自动统计人员数量、流动频率及方向等,当观众出场后即清除该票据的入场记录,当观众再次返回时数据方可恢复,便于帮助组织方掌握活动的上座情况。

(6)稳定且可靠的安全性能,才可确保赛事期间系统的正常运行并做到万无一失,我们设计了中心服务器双机热备系统,并采用独立的布线系统,不和其他网络系统相连,防止病毒和数据丢失。硬件安全性主要通过双机双网互备实现,软件主要通过双机热备实现。网络安全性主要通过分层控制和星型拓扑结构实现。主控单元采用双机互备功能,保证检票系统高效可靠运行。

(7)考虑到体育场馆赛事后的经营使用问题,就要做到少维护、低消耗。所以检票机要采用全封闭集成结构且适合室外安装,基本没有日常维护的要求。三辊闸采用高精度齿轮及直流伺服电机,高灵敏传感器,微型电机控制器及保护系统的方式,保证闸机超静音转动、长寿命运行,并且在初始位置上无功耗。系统还提供各种标准界面和门禁接口,如无电压干结点信号、标准串口、工业CAN总线接口等,增加了日后使用的方便性,便于系统根据使用需求进行相应扩展。

三、体育场馆售检票系统在国内外的发展

当然,我国在场馆运营方面与国外先进场馆相比,还存在一定的差距。虽然我们的检票机支持多样化的检票方式,如条码票、非接触 IC 卡票等多种数据类型票据的识别,但目前国内赛事采用铜版纸质条形码门票居多。而国外已经多采用非接触 IC 卡票,该票不仅具备检票入场的功能,还可以实现体育场内奖品发放、无货币消费等。例如,国外某赛事组委会为鼓励观众提前入场,在不同的时间段设置了不同的奖品,当观众持 IC 卡票刷卡入场后即可领取,大大减轻了开赛前人员流动所带来的压力。

无货币消费方式是近年来发展的主流,国内大型电影院及购物场所配备的快餐式饮食逐渐采用了该方式消费管理。所谓"无货币消费",是指顾客先将现金充值到 IC 卡内,再到各个店铺进行刷卡消费,消费完毕后再将剩余金额兑现的方式,这样实现了店铺交纳租金的合理化,多卖多交,少卖少交,并且顾客未兑换的小额现金积少成多,也成为一笔不小的收入。

在一些国家,运营商利用公共网络设施实现了网络或远程售票,通过移动通信的基础网络和手机来实现电子票务服务。顾客一旦实现网络或手机订票,订票人确认的手机上即刻具备所预定场次的入场电子信息。只要手机在入场闸机上扫读,即可通过入场。

一流的场馆,必须具备一流的管理和一流的服务。我们将不断提高场馆门票检票系统的智能化水平,全面避免票务管理漏洞,杜绝假票入场,实现查询统计实时化,规范管理信息化。今后,国内体育场馆在不断学习和借鉴国外先进运营方式的过程中,使得 IC 卡票身份识别、无货币消费、奖品发放、甚至停车场自动收费管理等多方面的技术进步得以实现,最大限度地发挥体育场馆的社会效益和体育比赛的经济效益。

第五节 计时时钟系统

时钟系统是体育场馆重要的组成部分之一,其主要作用是为观众及场馆工作人员提供准确的时间服务,同时也为计算机系统及其他弱电子系统提供标准的时间源。使各系统的时间集中同步,在整个体育场馆系统中使用相同

的授时标准。进出场馆大厅和楼道位置的时钟可以为观众提供准确的时间信息;各场馆办公室内及其他控制室内的时钟可以为工作人员提供准确的时间信息;向计时记分系统和其他信息显示系统提供的时钟信息,为场馆运行提供了标准的统一时间,保证了场馆系统运行的高效、统一和安全。

时钟系统能够向场馆全部弱电子系统和计算机提供准确的时钟信号。用 GPS 系统中的时标信号作为标准时间源对母钟的时钟信号源进行校准,为协调场馆各业务流程和各部门的工作提供统一标准的时间基准,同步各计算机系统的时间。时钟系统的控制中心向各子系统或场馆各路子钟发送标准时钟信号,监测全楼所有时钟工作状态,控制所有时钟的运行。

一、时钟系统的结构与功能

1.系统功能

系统通过 GPS 时钟接收系统,把接收到的标准时间送到标准时钟的母钟中,通过母钟进行时间校准后,把标准时钟信号通过通信方式送到比赛馆内的各个子钟上,以便运动员和裁判员可以随时掌握标准时间。

(1)主计时时钟系统由 GPS(全球定位报时卫星)校时接收设备、中心时钟(母钟)、各式子钟等组成。系统应满足:保证系统母钟、子钟时间同步;母钟内置 GPS 卫星信号接收模块;母钟可提供 CANBUS、RS232/422、EBU、RIGI－B、脉冲等多种格式的时间编码输出接口,或其他传输方式北京时间码信号输出;多规格、多型号子钟满足不同用途需要;子钟没有授时信号时,自动切换守时时间;自动校正显示时间及守时模块;守时模块掉电后,守时 10 年;系统可采用总线、自由拓扑、星型拓扑结构组网。

(2)为其他系统提供时间参考信号,如计算机网络系统、记分系统、安保系统、售检票系统、广播电视转播系统等。

(3)系统和比赛中央监控系统连接,通过比赛中央监控系统主机,实现系统的网络控制、时间设定、状态监控等。

(4)系统采用集中供电方式。

2.系统构成

系统采用 GPS 母钟、子钟、通信控制器、NTP 时间服务器构成,CAN 总线传输,给体育馆的各个重要区域提供时间信息,给功能房间、裁判室提供倒计时、正计时、温度湿度标准时间等。

因此,在体育馆内重要区域提供一套可靠、经济和有效,能够提供一个统一的、标准的全馆时间的子母钟系统对体育馆的数字化管理和各系统的安全、统一协调意义重大。

二、时钟系统的标准与规范

时钟系统的实施必须遵循国家有关技术标准,并结合应用场所的特殊功能要求来进行,其具体设计依据如下:

(1)GBJ/232-1992《电气装置安装工程施工及验收规范》;

(2)GB5080.1-1986《设备可靠性试验总要求》;

(3)GB/T17626-1998《电磁兼容试验和测量技术》;

(4)SMPTE/EUB《欧广联时间码标准》;

(5)JGJ/T16-1992《民用建筑电气设计规范》。

三、时钟系统的特点

时钟系统具有以下特点:

(1)主备母钟智能倒换。两台母钟对外接口直接相连,通过专用主备连接通信电缆随时交换信息,在主设备(输出时码设备)出现故障的情况下,自动倒换到备用设备,倒换时间小于50ms。

(2)子钟采用恒流驱动。国内独家把恒流驱动技术引用到时钟系统的厂家,大大延长了LED发光管的寿命。

(3)时钟控制管理软件可实现对子钟的精确到码段故障的监控和亮度调节。时钟控制管理软件对子钟每一个显示码段的状态监控,并可实现对子钟的6级亮度调节。

(4)红外遥控调节,对其他设备无干扰。子钟可以通过红外遥控调整亮度,实现对子钟的关闭、打开和时间设置等功能。

(5)接口兼容性强,包含当前所有主流授时接口。可根据客户要求定制的时码分配设备,能满足国外进口设备对B码、DCF77、EBU等特殊接口的要求。

（6）精确计时和温湿数据显示。裁判室和其他需要精确计时的地方可以用手动倒计、正计时控制器与时钟显示屏相连，时钟显示屏幕可精确计量正计、倒计的时长，时钟显示屏内置温湿度传感器，可以给工作人员提供当前环境的温湿度精确数据参考。

（7）良好的抗电磁干扰能力。由于体育馆是高频、强磁等设备的集中地，因此时钟显示系统的主要设备必须满足此类环境下对于电磁兼容性能的要求，本时钟系统充分考虑电磁波对时钟系统的干扰，采用抗电磁、电气干扰的设备和电缆，并采取必要的防护措施，同时也保证时钟系统不对其他系统信号质量造成干扰和影响。

（8）把 CAN 总线传输技术应用到时钟系统领域，实现对各子钟设备的实时控制查询，设备故障实时报警；该总线具有高可靠性和实时性多主机双向总线，自动载波检测与总线仲裁功能，普通双绞线传输距离超过 10km，总线设备可以多达 110 个，故障节点对总线没有影响。

四、系统工作原理

体育馆时钟子系统采用集中控制与调整，同步传输分散显示的集散式控制方式，由 GPS 天线及馈线、主备高稳母钟、通信控制器、时钟网管监控系统、数字式子钟、NTP 服务器、传输通道、接口设备和电源组成。

时钟系统中的中心母钟为双主机时钟装置，其中一个作为系统校时信号的主要来源，另一个作为整个时钟系统的热备份，以备紧急故障时自动启用。母钟显示板上可显示年、月、日、时、分、秒、农历全码时间信息。两台高稳石英母钟构成主备用方式，主备工作钟能自动和手动倒换且可人工调整时间。

时钟系统通信控制器提供时钟系统接口扩展；一方面驱动本地子钟；另一方面同时向计算机网络系统、记分系统、安保系统、售检票系统、广播电视转播系统等其他子系统的服务器提供标准时钟信号。弱电系统提供符合 RS422/485 或者 IRIG－B 标准的外部接口，所有外部接口具有隔离措施，外部接口的接口方式应得到相关弱电子系统集成商的认可。时钟系统网管用于管理时钟系统，实时监测母钟的工作状态，当子钟设备出现故障时，母钟可实时将警告信号发送到弱电中心时钟系统网管设备。

时钟系统结构如图 7－1 所示。

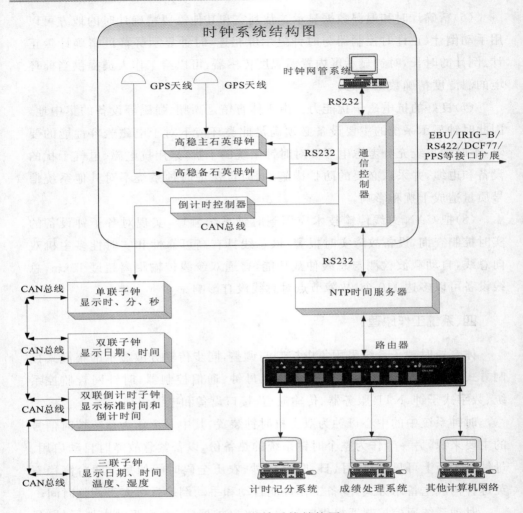

图 7-1 时钟系统结构图

时钟系统的参考信息由母钟提供，母钟输出标准的时码信息到通信，通信控制器（可提供 8 路 RS485/422 信号、8 路 CAN 信号）通过 CAN 信号驱动子钟，并且每条链路上都具有不少于 120 个子钟的驱动能力，方便整个系统扩容。剩余 RS485/422 接口和 CAN 接口可根据业主实际需求为新增的子钟或者其他系统提供时码信号扩展。控制计算机可以完全控制和检测所有时钟的运行状态。如果馆内的计时记分系统、成绩处理系统和升降旗系统等不能通过局域网接收标准时间信号,也可以通过通信控制器的扩展接口(可扩展 RS232/485/422 等接口,其他特殊接口可以定做)来实现对上述系统的校时,通信控制器最大可以支持 100 路不同接口的扩展,支持集连,可以在最大程度上满足不同系统、不同接口方式的授时需求。

如果体育馆大楼的计时记分系统、成绩处理系统、升降旗系统以及其他需要标准时间参考的系统预留有时钟接收功能,并且都在一个局域网内,则可以通过 NTP 时间服务器给这些系统授时,该方案的好处是可以支持不同操作系统的设备接收同样的时间标准,而且不需要增加设备。

时钟逻辑框图如图 7-2 所示。

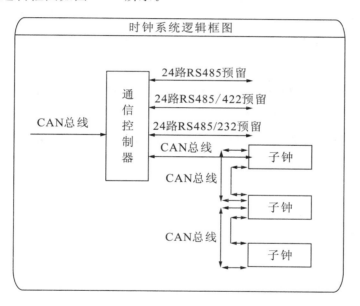

图 7-2 时钟系统逻辑框图

母钟接收 GPS 时间信号并把他转化为北京时间通过 CAN 总线传送到通信控制器,通信控制器根据实际需求分出来若干节点,每个节点可以引出一条总线分配到各个楼层,楼层布线无需环绕整层一圈,在最后一个终端后面加 75Ω 终结即可。该布线方式的好处是便于管理,不浪费辅材。每一条总线上的子钟都有一进一出两个接口,可以使用手拉手的方式串接。

五、计时时钟系统的设备

弱电中心母钟系统设备主要包括：GPS 天线、主备高稳石英母钟、子钟、NTP 时间服务器、时钟系统通信控制器、系统网管、机架线缆等。

铷原子母钟内置 OCXO，同时接收外部 GPS 时码信号和秒脉冲信号作为主参考信号，母钟输出接通信控制器。通信控制器是母钟系统通信枢纽，它将母钟、网管系统、NTP 时间服务器、子钟接口和其他子系统时码接口有机结合起来。

相对于网管系统与母钟相联的结构，这种系统结构的好处是系统结构清晰，母钟通信负荷小，内部处理器专注时码信息处理，以获得更好的时间稳定度；时钟网管系统不依赖于母钟，母钟出现故障网管系统仍然可以正常工作。

1. GPS 接收天线

GPS 接收天线部分位于主控中心的前端，用于为 GPS 接收机提供信号，从而使一级母钟获得高精度时间参考，为机场时钟系统提供准确的时间信息。GPS 接收天线部分包括 GPS 信号接收天线、天线馈线及其相关的避雷和接地措施。

2. GPS 高稳石英母钟

高稳石英母钟内置高稳 OCXO，可接收多种外部参考信号，支持手动/自动的双机热备份功能。

3. 网管系统

时钟网管（监控）系统放在弱电中心，通过 RS232/RS422 接口与时钟系统相连，并通过母钟或通信控制器对整个时钟系统进行查询与控制，实现时钟系统的故障管理、性能管理、配置管理、安全管理、状态管理。

时钟网管监控系统主要完成对时钟系统设备的监测管理，检测收集母钟、子钟及其他的运行状态信息，对时钟系统的工作状态、故障状态进行显示，并对全系统时钟进行点对点的控制，对本系统中任何一个子钟进行必要的操作（校对、停止、复位、追时、对时、倒计时、关闭、亮度调节、设备 ID 地址修改等）。主要监控及显示的内容包括：各种主要设备、子钟及传输通道的工作状态，对时钟系统的控制、故障记录及打印输出等。系统出现故障时发出声光报警,指示故障部位。能方便查看维护指南,在线帮助。设有设备维修档案,记录每个故障发生的具体位置、时间、类型、维修情况等。当某个时钟工作不正常时,系统可调出它的档案,供维修人员参考,具有中心机房、各子时钟、系统输出端口分布图。

4. 机架

图 7 - 3　机架

所有设备安装在一个高 1.6m 的标准 19 英寸机架内,机架位于弱电中心的设备室或机房内,机架有为系统设备供电的功能(图 7 - 3)。

5. 子钟

(1)3 寸单联子钟(图 7 - 4),外形尺寸:490mm×128mm×80m。

图 7 - 4　3 寸单联子钟

(2)5 寸单联子钟(图 7 - 5),外形尺寸:750mm×190mm×80mm。

图 7 - 5　5 寸单联子钟

(3)5寸单联双面子钟(图7－6),外形尺寸:750mm×190mm×100mm。

图7－6　5寸单联双面子钟

(4)8寸单联子钟(图7－7),外形尺寸:1040mm×250mm×70mm。

图7－7　8寸单联子钟

(5)5′＋3′倒计时子钟(图7－8),外形尺寸:900mm×500mm×70mm。

图7－8　5′＋3′倒计时子钟

支持无线遥控设置、网管倒计时设置、倒计时控制器设置、64点倒计时。
(6)NTP时间服务器(图7－9),19英寸、1U。

图 7 - 9　NTP 时间服务器

（7）GPS 卫星接收器。

（8）GPS 指针圆盘时钟 360（图 7 - 10）。

（9）篮球计时控制器。采用 2 位数码显示，自动倒计时。当任一球队不控球时，计时器不显示。能够暂停计时，然后从暂停处继续计时，30 秒计时到自动发出声音（图 7 - 11）。

图 7 - 10　NTP GPS 指针圆盘时钟 360

图 7 - 11　篮球计时控制器

第六节　扩声系统

体育场馆智能化系统是一个集成的系统，音响（扩声系统）是全系统中的子系统。一个音频管理系统必须有管理中心。信号音源场地拾音、房间话筒、播音员话筒、音乐播放等提供到音频控制中心，再发送到场地扩声、房间广播和实况转播等输出的设置上，并且还要根据场地的湿度、温度、噪声和风向风速来控制音响,每个地方的声音投放均要受到严密的控制,音箱的设置地点也要进行多方的考虑,放在不同的位置,效果大不一样。

一、体育场馆扩声设计要求

按照《体育馆声学设计及测量规程》的规定,体育馆的扩声系统应包括7个子系统:比赛场地的扩声系统;观众席的扩声系统;运动员、教练员、裁判员、医护者等人员的休息室、练习场和工作场所的检录呼叫系统;对观众休息等房间的背景音乐和广播系统;对馆外入场口附近的广播系统;文艺演出用的较高质量的流动扩声系统;其他系统如体操比赛的音乐重放系统等。

根据体育馆的使用要求,体育馆的电声设计应该包括以下几点:

(1)必须具有对比赛场内、观众座席、休息大厅等功能用房处的独立控制和切换的扩声系统。

(2)必须具有供开幕式、闭幕式和文艺演出的流动扩声系统。

(3)必须具有能紧急广播自动越权切换、自动提高广播声级、按规定程序和流向进行疏散的用于紧急灾情通报的时序广播系统。

(4)建议设置电台、电视台音频转播接口终端。

由于扩声系统的声源和扩声用扬声器处于同一个声场内,使得经过放大的信号通过扬声器后辐射的声音会反馈至传声器,从而产生声反馈。同时,要求具有高声压级和较宽的频率范围,需解决混响、延迟等问题,并且需要设置多组可独立调控的输出接口(这些接口包括供电视台、电台录音、转播等需要的音频信号输出,总体上系统技术指标要求较高。大型体育馆的扩声系统一般采用低阻传输和输出的方式,主设备放置在专用控制室内。

二、体育场馆扩声系统设计要求

扩声系统主要由调音台、传声器、功率放大器、其他辅助设备(如延时器、混响器、均衡器、压限器)及扬声器等组成。

要达到优质的扩声效果,需做到几点要求:

(1)调整好观众席区的传输响应。

(2)足够的声压级。

(3)文艺表演时,要让现场有良好的声音真实感或自然度、声音信号的真实重放性和声像一致性,避免可能出现的各种失真。

(4)具有充分的稳定性,不能出现声反馈引起的声音啸叫,并且要有足够的稳定余量。

(5)为了保证馆内声音的清晰度,直达观众席的声强应高于混响声强12dB,即距离观众席最远位置的扬声器要在临界距离的3~4倍以内。

(6)控制噪声,信噪比设置应大于30dB,保证在馆内最小声压级的位置上。

三、体育场馆扩声系统各项指标要求

1. 客观测试指标

总噪声≤NR300;

语言清晰度指标 STI>0.55;

声场不均匀度:1000~4000Hz≤8dB;

传声增益:125~4000Hz 的平均值≥-10dB;

最大声压级:125~4000Hz 范围内平均声压≥105dB。

2. 主观评价指标

除客观测试达标外,还要满足人耳的主观听音感受:视听一致性好,声场分布均匀,语言清晰,明亮度合适,原汁原味。

3. 系统工作指标

传声增益高、系统稳定性好,没有明显可觉察的噪声干扰。传输频率特性、传声增益、声场不均匀度等主要是建声设计问题,受系统及设备的影响不会太大。

第七节　影像采集及回放系统

影像采集和回放系统除满足体育比赛的影像资料的采集外,还要结合比赛过程中仲裁录像的要求和现场画面在场馆内的 LED、有线电视中进行播放的要求。

一、系统设计要求

影像采集及回放系统的设计应满足下列要求：系统从比赛现场获得的比赛画面实时传送到总裁判席、仲裁室、有线电视机房、LED 显示机房、比赛中央监控机房；以数字的方式存储在影像采集存储服务器中，以方便比赛影像资料的保存和查询；可以实时把比赛的现场画面、回放画面送到相关的机房用于画面的播放和查询，为仲裁提供技术手段和影像资料；系统应具备根据不同类型的比赛要求，灵活设置影像采集点和采集点扩充的需要。

二、系统结构与功能

体育场馆影像采集及回放系统具备视频采集、存储，以及视频图像的加工、处理和制作功能，在比赛和训练期间，能为裁判员、运动员和教练员提供即点即播的比赛录像或与其相关的视频信息，是技术仲裁、训练和比赛技术分析等不可缺少的技术手段和工具。同时，该系统能把现场信号通过场馆的比赛中央监控系统，供场馆内的全彩视频显示屏、电视终端播放现场画面，存储在视频存储服务器中，可通过联网的专用系统终端，对视频存储服务器中的影像资料进行读取，可在同一终端中同时读取 4 路以上的实时影像信息和影像回放信息；也可以根据需要，进行视频图像的加工、处理和影碟的制作。该系统主要由现场摄像、影像编解码处理、视频存储服务器部分、专用工作站、影像回放和视频调制设备组成。

（一）摄像机和机位

在比赛场地四周，根据体育场比赛项目电视转播的要求，设置多台高性能彩色摄像机，摄像机可选用具备自动对焦、固定位置的摄像机，也可根据需要选用具有万向石台的跟踪拍摄能力以及设置可进行全景拍摄的固定位置摄像机，或移动式数字高清摄像机等。

根据各项体育比赛对摄像机机位的不同要求以及各项比赛的不同体育工艺要求，进行摄像机机位的设计。室内馆（综合馆、篮球馆、游泳馆等）一般设置 4 台，最多不超过 6 台；室外场地一般设置 8 台，最少不低于 6 台，最多不超过 12 台。

（二）视频服务器

视频采集服务器具备对多路现场传回的实时数字视频信号进行存储，以标准视频文件格式保存在视频服务器中。视频采集服务器具有 8 路视频信号的存储能力，并应有连续保存 24 小时视频数据的存储空间，通过专用制作工具和设备可以进行视频光盘的制作。

视频采集服务器和场馆的信息网络系统连接，并通过网络技术，使得具有对视频采集服务器有访问和查询权的裁判、竞赛官员、运动队等可以通过系统专用终端访问视频存储服务器。

（三）编解码处理设备

1. 视频编解码器

视频编解码系统采用纯硬件压缩编码方式的嵌入式设备。视频编码器可将摄像机等设备采集来的模拟视（音）频信号，压缩输出为数字视频码流，通过网络实现远程视频传输，同时提供全透明数据通道对远程各类设备进行控制操作；视频解码器可将网络中的数字视（音）频码流还原为模拟信号输出到场馆内的相关系统中，每路图像分辨率应为 FULLDI（720×576），需具有色彩鲜明、低延时等特点。

设备应具备以下性能特点：

（1）采用专业级 MEPG4 压缩芯片进行压缩编码的嵌入式设备，无维护运行，安全、稳定、可靠。

（2）以太网络接口，根据网络状况自适应码率保证高质量的图像质量。

（3）每路图像的最高分辨率 720×576，向下可调；多路设备的每路图像应能同时达到 720×576。

（4）实时性好，编解码总延时小于 300ms，可通过串口或远程网络对设备进行配置。

支持固定码率和可变码率，双向音频编解码，音频可选，节约带宽。

2. 设备的技术指标

（1）视频特性。

• 视频位速率：1～15M bps/路；

• 视频数据输出模式：定速率/变速率；

• PAL 制/NTSC 制切换,视频分辨率:PAL 制:720×576,NTSC 制:720×480;

• GOP 结构可调,亮度,对比度,饱和度,色度可调性;

• 流格式:TS/PS/VES/AES 流等;

• 编码等级:ISO/IEC - 13818 - 2;MPEG - 2;MP@ML;

• 帧率:NTSC 制:30 帧/秒/路;PAL 制:25 帧/秒/路。

(2)音频特性。

• 音频采样频率 32kbps,44.1kbps,48kHz;

• 音频位速率 32k,64k,192k,224k,384kbps;

• 支持 MPEG - 1 Audio Layer Ⅱ音频模式 Stereo,Joint, Dual,Mono。

(3)接口特性。

• 可选视频输入:1~4 路复合视频(BNC/75Ω);

• 可选音频:1~4 路 3.5mm 左右声道立体声接口(-46~-3dBV——输入 1kΩ/输出最小 16Ω);

• 设置端口:DB - 9、波特率 9600,8 个数据位、无校验、1 个停止位;

• 数据通信接口:RS422/485 及 RS - 232,波特率 1200~115 200bps,数据位、校验位、停止位可调;

• 网络接口:10/100Mbps 以太网 RJ45 接口。

(4)物理特性。

• 电源:50Hz ,AC 150~220V 或 DC 12V,功率≤10W;

• 工作湿度:≤85%,工作温度:-15~55℃,存储温度:-10~65℃。

(四)专用工作站

• 系统采用专用监控工作站,最多显示多达 16 路现场形像画面;

• 最高达 FULLD1,MPEG - 4 视频,25 帧的视频画面;

• 可显示多画面,包括实时和回放现场摄像机视频画面;

• 在屏 PTZ 控制及设备属性控制,自定义的用户及设备的访问权限;

• 以太网口 RJ - 45 端口(1000BaseT 或 100BaseT);

• 多画面显示模式:单画面,2×2,1+5,3×3,1+12,4×4。

(五)视频调制部分

视频调制设备把摄像机采集的模拟视频信号,传送到场馆的闭路电视前端机房,经调制设备调制后,送入场馆的闭路电视网,作为一路或多路电视节目进行播放。

影像采集回放系统除满足体育比赛的影像资料的采集外,还是比赛过程中现场仲裁和现场 LED、有线电视播放的视频来源,已成为新建场馆的必备系统之一,是场馆设计者与广大参建者的一门新的课题。

第八节 升旗控制系统

自动升旗系统作为体育场馆的一部分,是大型赛事开幕、闭幕及颁奖使用的一套重要设备,用手摇升旗方式已经过时,智能化升旗已是现在体育场馆升旗的发展趋势,智能化升旗系统项目虽小,但它体现了体育场馆的高档性。

一、自动升旗控制系统的组成

自动升旗控制系统由升旗同步控制器(简称同步控制器)、升旗变频控制器(简称变频控制器)、远程数控系统应用软件以及同步升降电机、旗杆等组成。同步控制器内部采用微处理器作为核心的智能化设计,通过计算机应用软件远程控制横杆旗帜升降工作。自动升旗控制系统可根据现场要求悬挂各式旗帜,并且在体育比赛中,能根据冠、亚、季军旗帜灵活布局,使用非常灵活简便。自动升旗控制系统拥有完美的功能,可根据旗杆升降高度与国歌播放时间对旗帜升降速度进行智能化精确控制,能根据旗帜升降高度进行旗杆准确运行,并配备上限位和下限位刹车和防冲顶保护功能,能最大限度地确保安全使用。

二、系统技术要求

1. 升旗同步控制器电源要求

电源:220VAC,50112;

额定功率:3W;

保护:电流限制与短路保护。

2. 升旗变频控制器电源要求

电源:三相 380VAC,50/60Hz;

额定功率:3.7kW;

保护:地线接地保护。

3. 使用环境要求

海拔高度:不高于 2000m;

温度:-10~40℃;

相对湿度:≤80%。

4. 工作时间要求

连续工作时间:<6 小时。

特别需要注意的是,升旗控制系统禁止安装在电磁干扰和机械振动强烈的地方。

三、升旗控制系统的功能

1. 远程控制旗帜升降

通过上位机(计算机)远程控制旗帜升降,可实现旗帜上升时与播放国歌同步进行,开机默认为远程控制。

2. 本地控制旗帜升降

通过升旗同步控制器设定升旗高度与时间而对旗帜升降进行精确控制,但不能保证与播放国歌同步进行。

3. 手动控制旗帜升降

通过升旗同步控制器来执行旗杆上升和下降功能,但没有精确的升旗高度和升旗时间,本功能主要用来辅助调试时间。

4. 下限位保护功能

当旗帜降到底端时采用的电机精确刹车保护功能,以保证旗杆准确停止在降旗下限位置。

5. 上限位保护功能

当旗帜升到指定高度时采用的电机精确刹车保护功能,以保证旗杆准确停止在指定上升高度。

6. 防冲顶保护功能

为保证因不可抗因素造成上限位保护失效时采用的应急保护功能,能及时切断供电电源,使设备停止工作,以免造成安全问题。

7. 手摇功能

为保证供电系统断电、设备故障等不可抗因素造成的升旗同步控制系统无法正常使用的应急功能。

8. 日常维护

本系统控制装置(升旗同步控制器、升旗变频控制器)采用高品质元件、材料及融合最新的微控制器技术制造而成,通过计算机远程控制软件实现旗帜的升降。

习题七

1. 体育场馆的屏幕显示系统有哪些功能需求?

2. 请分析体育场馆屏幕显示屏系统的结构。

3. 体育场馆计时记分系统有哪些功能?

4. 请分析体育场馆计时记分系统的设备及其技术要求。

5. 请对我校体育馆电视转播及现场评论系统进行简单设计。

6. 请简单介绍售验票系统在体育场馆中的应用。

7. 体育场馆的计时时钟系统有什么特点?

8. 请分析体育场馆的计时时钟系统的工作原理。

9. 体育场馆影像采集及回放系统由哪些设备构成?

10. 请简单介绍体育场馆的升旗控制系统。

第八章　应用信息系统

第一节　体育场馆经营管理系统

一、体育场馆经营管理系统的功能分析

体育场馆的经营管理模式有多种形式。大型体育中心、全民健身公园与独立场馆、事业单位模式、公司化经营与经营公司运营，在部门设置或部门的职能分工上可能存在差异。体育场馆经营管理系统的功能设置应当依据场馆运营团队的日常工作范围和职能分工，结合不同场馆的特点和特殊需求，在进行职能优化和功能合并后，提出较为合理、全面的功能组合。

以一个事业单位编制的大型综合体育中心为例，下设有办公室、基建维修部、能源技术部、行政部、人事部、退休管理部、保卫部、财务部、经营部、训练竞赛服务部、场馆管理部等主要职能部门。每个部门对应不同的工作职责，根据工作界面交叉和信息共用的情况，将体育场馆经营管理系统实现的基本功能划分为 8 个模块。各职能部门的主要工作内容及其对应的功能模块设置如表 8-1 所示。

二、体育场馆经营管理系统的功能要求

通过对体育场馆运营团队职能分工的分析，体育场馆经营管理系统的主要功能模块包括数据的汇总分析和查询、建筑设施设备管理、行政办公管理、安全防范管理、财务管理、对外经营管理及经营决策、专业运动员训练管理、体育与健康等应用信息的管理等。各模块的具体功能要求如下。

表 8-1　体育场馆职能部门设置、主要工作内容及对应功能模块

职能部门名称	主要工作内容	智能管理系统使用功能
办公室	协助全面管理和综合协调,信息管理、公文处理、制度起草和汇总、宣传,其他职能部门的监管职能	数据的汇总、分析和查询
基建维修部	基本建设、维修改造、相关数据、资料、档案归档	建筑设施设备管理
能源技术部	能源计量、专业系统、设备管网的运行、维修、保养、能源、设备技术资料归档	
行政部	出租房屋维护、收费、固定资产管理、后勤保障	行政办公管理
人事部	机构和岗位的设置、调整、人员招聘、考评、考核、职称评定、人事档案管理	
退休人员管理部	离退休人员管理和活动组织	
保卫部	安全、保卫、消防工作管理	安全防范管理
财务部	财务分析、财务建议、财务、税务、统计、审计、经济合同管理、预算的编制和落实,经营指标核定	财务管理
经营部	经营管理、经营计划、产业开发	对外经营管理及经营决策
训练竞赛服务部	训练计划、训练指导、服务保障、设备、器材的购置和管理,全面健身指导	专业运动员训练管理
场馆管理部	体育场馆的使用管理,场馆的经营管理,综合服务	体育与健康等应用信息的管理

1. 数据的汇总、分析和查询模块

数据的汇总、分析和查询功能模块主要负责对整个体育场馆经营管理系统的数据进行综合管理和使用,拥有对信息的汇总、分析和查询的权限,但不能对信息进行修改,也不能对其他功能模块进行控制。该模块的主要使用者为体育场馆的高级管理层和协助全面管理、综合协调的部门,这些使用者可以根据需求调取所需信息,用于指导战略计划的制定、监管和评价各职能部门工作等,包括对系统操作权限、操作日志等的管理和维护。

2.建筑设施设备管理模块

建筑设施设备管理功能模块主要负责对体育场馆建筑信息、能源使用数据、设备系统运行的监测以及故障的诊断和报警等,具体涉及的用能设备系统包括供暖系统、空调通风系统、给排水系统、变配电系统、照明控制系统、电梯等特种设备系统,以及体育场馆专用的用能设备(如游泳池水处理和加热系统、体育场地照明控制系统)等。基建和能源管理的职能部门可对上述系统的数据信息实时在线监测,在有授权的智能操作终端上,可进行远程控制。

3.行政办公管理模块

行政办公管理功能模块主要为行政管理部门提供体育场馆固定资产、人事、通知、公告、文件等信息的发布和查询平台,并提供智能的办公管理系统,全部工作人员可通过该模块接收和发布消息、预定会议、提交差旅计划、进行任务管理、分析工作情况等。

4.安全防范管理模块

安全防范管理功能模块主要实现对体育场馆周界范围内的安全、消防等的智能监控,可对场馆全部安防摄像头进行统筹管理和检测,自动识别可疑行为并报警;对场馆消防系统进行全面监测,包括烟感、温感、红外探测器、自动喷淋系统、火灾报警按钮等;对来访人员、进出车辆、出入大件物品等进行登记管理。

5.财务管理模块

财务管理功能模块的主要功能包括对体育场馆整体收支情况、员工薪资、经济合同等的管理。对非财务管理部门开放财务申报权限,用于报送本部门费用收支情况、提交用款申请、申报年度预算等;对财务管理部门开放财务申报和财务信息读取、维护权限,用于财务分析和财务指标核定,并可为税务、统计、审计等工作提供数据。

6.对外经营管理及经营决策模块

对外经营管理及经营决策功能模块分为经营管理和经营服务两部分。经营管理部分负责记录和分析体育场馆经营数据,包括经营规模、经营范围、经营成本、投入人力、经营利润等,起到为经营决策提供参考的作用。经营服务模块可以为到体育场馆运动的人提供场地开放时间和剩余查询、场地预约和退订、远程购票、远程支付、个人运动计划管理等服务。

7. 专业运动员训练管理模块

专业运动员训练管理功能模块主要负责对专业运动队训练场所的场地、器材、环境信息进行监测，采集运动员身体情况指标，记录训练数据，分析训练效果指标，可以使教练员、运动员、训练保障人员随时随地对训练信息进行查询和管理，并提供科学的训练指导参考和训练计划制定服务，以提升训练效率，达到更好的训练效果。

8. 体育与健康等应用信息的管理模块

体育与健康等应用信息的管理功能模块与互联网或上级的"体域网"实现资源和数据的共享，一方面为体育场馆运营团队、运动人员提供体育相关信息；另一方面共享本场馆信息，为"城市体育电子地图""体域网"等提供基础数据。此外，可为参与运动的人员提供用于监测运动情况和生理指标的电子标签，使用者可根据需求上传信息，分析自身健康状况，获取科学的运动建议。

三、体育场馆经营管理系统的构建原则

1. 先进性原则

体育场馆经营管理系统的建设，应当应用国际广泛认可的技术和标准，借鉴国际成功案例经验，保证系统的先进性，以应对技术更新，适应未来业务的发展需要。

2. 可靠性原则

应在系统设计阶段对数据采集和分析的精度、系统的性能等进行规定，选择成熟可靠的技术和质量优良的产品，以保证系统运行的可靠性。

3. 开放性原则

应对系统的整体框架和使用需求进行统筹考虑，功能可满足不同用户的需求，并应实现随时随地操作的要求。

4. 可扩展性原则

系统搭建应充分考虑技术的更新和功能需求的变化，具备可灵活扩展功

能模块的性能,以适应技术、业务更新给系统带来的变化。

5. 安全性原则

系统在搭建阶段应充分考虑自身和数据信息的安全性,具备抵御病毒和黑客攻击的能力,能有效防止数据和信息的泄露,并保证系统能安全稳定运行。

6. 功能模块合理性原则

系统功能模块的设置应从场馆运营方的使用需求出发,充分挖掘需求、使用特点和业务流程,功能配置尽量合理,每个模块的设置应从体育场馆经营管理实际出发,有针对性地解决实际运营中的困难,方便管理工作的展开。

7. 简易实用性原则

系统的设计应当便于各类用户的使用,有简单、清晰、友好的操作界面,同时应设有便于操作的系统维护工具。

8. 经济性原则

体育场馆经营管理系统的建设,应充分考虑系统的性能与价格的平衡,以尽量少的投资实现系统的功能需求和性能要求。

第二节 体育场馆赛事管理系统

信息技术对体育运动的发展起着巨大的推动作用。科学技术的进步不仅促进了体育运动的先进性,而且也对体育赛事的全过程管理有了更高的要求。大量的科技成果运用到体育运动的各个领域,如游泳触摸板、田径终点图像判读系统、长跑芯片计时等。使体育运动得以向数字化方向发展,从而要求对体育运动规则的认同更加规范和科学,对体育赛事的管理提出了更高的要求。科技的全球化趋势使得体育赛事日渐准确,体育赛事国际化趋势对体育赛事的管理过程提出了更高的要求。

体育赛事管理系统与体育比赛计时记分、场馆信息化和中央成绩处理系统都是相辅相成、缺一不可的,整个系统都是大型运动会必不可分的重要组成部分。

一、体育赛事管理系统的功能

（1）赛事控制管理：包括单项报名的时间控制设置、小项控制设置、年龄组及对应的参赛年龄控制设置、单项秩序册生成、报名信息数据接口等。

（2）远程报名管理：包括运动员参赛报名、代表团成员报名、报名信息查询修改、报名表打印、报名情况统计查询等功能。

（3）单项比赛现场成绩处理：有 31 个单项，分别包括报名信息导入管理、赛程编排、现场检录、现场成绩采集、手工成绩录入修改、成绩统计排名、成绩报表、现场成绩公告、比赛成绩上传等功能。

（4）综合成绩处理：包括成绩信息数据接口、单项成绩的手工录入修改、单项赛事奖牌排行榜、总分排行榜统计、年度综合奖牌排行榜、总分排行榜、各单位省运会加牌加分统计、年度破纪录情况统计等功能。

（5）信息发布及综合查询：包括注册运动员信息查询、参赛报名信息查询、参赛报名统计信息查询、年度奖牌榜查询、年度总分榜查询、单项成绩公告查询、单项奖牌总分榜查询、单位各项目奖牌统计查询、年度破纪录统计查询、省运会加牌加分查询等功能。

二、体育赛事管理系统的组成

体育赛事信息管理系统由以下五大系统组成：

（1）运动会信息管理系统（The Game Information Management System，GIMS）。功能：系统管理、物资数据管理、人员数据管理、资料数据处理。

（2）竞赛信息管理系统（The Competition Information Management System，CIMS）。功能：项目管理、成绩综合处理。

（3）竞赛现场处理系统（The Competition Spot Management System，CSMS）。功能：现场编排、成绩现场处理。

（4）外部网站（The Out Website System，OWS）。功能：报名系统。

（5）内部网站（The Interior Website System，IWS）。

2000 年悉尼奥运会的信息系统由四部分组成：比赛成绩管理系统；奥运会转播信息管理系统；奥运会 2000 多个信息终端联络系统；奥运会组委会服务信息（认证、住宿、门票销售、运输等）管理系统。由于大型体育赛事需处理的信息量大,对信息技术水平及工作人员管理水平的要求很高,悉尼奥运会的信息管理系统共有 850 名专家介入,同时 7000 多个个人电脑在工作。

综上所述,对于体育赛事,特别是大型综合体育赛事,体育赛事管理信息系统的建立是关键,这个系统涉及到体育赛事任务领域里的每一个方面,以竞赛为核心,包含成绩、人员注册、总务信息、查询等内容的体育赛事管理信息系统必不可少。管理信息系统需要软件的支持,承办赛事的体育组织要根据自己的需要与软件开发商谈判,量身定制适合赛事本身的管理系统,从而达到预定的目的。

三、体育赛事管理系统设计流程

赛事管理系统设计根据统一资源关系模型,赛事管理系统需包含基础信息、人员、项目、场馆、比赛日程、赛制、约束等信息管理功能,并可执行比赛调度和赛程执行功能。根据子系统功能相关性,可分为信息支持模块、决策调度模块和比赛执行模块。

1. 信息支持模块

信息支持模块为系统运行提供支持性信息,模块内部划分为基本信息、项目、场馆、人员 4 个子系统。基本信息子系统承担国籍、运动队、单项体育联合会以及运动会重要时间、地点等公用支持性信息;项目子系统承担赛事项目名称、种类、级别和分组实施;场馆子系统承担了场馆地理位置、支持赛事种类、容纳人员数量等信息;人员子系统分别承担模型中比赛项目和赛事人员的存储、表达、调用功能。

2. 决策调度模块

决策调度模块是系统的调度中心,包括主计划、赛制和调度 3 个子系统。主计划子系统可以设定运动会总体时间,各大项比赛时间段、金牌分布,以及指定小项/关键场次预期时间等。赛制子系统承担模型中赛事部分功能,是调度和执行的基础。调度管理子系统承担项目约束编辑与赛程编排功能,是调度算法流程的具体实现。

3. 比赛执行模块

比赛执行模块是赛事运行的核心,该模块具有随项目运行录入成绩,运动员排名,指定比赛分组、时间、场馆、参加人员,以及按照成绩晋级的功能,并可以进行成绩发布。赛程执行系统实现了模型中的项目-成绩对应关系,完成赛事的运行功能。

综上所述,整合信息支持模块提供的信息流、决策调度模块提供的决策流和比赛执行模块所提供的执行流,可以有效地构建完整的大型综合赛事管理系统,包括具有灵活扩展性的统一模型以及功能强大的编排系统。

习题八

1.请对体育场馆的经营管理系统的功能进行简要分析。

2.体育场馆的经营管理系统由哪些模块构成?

3.构建体育场馆经营管理系统需要遵循哪些原则?

4.体育场馆的赛事管理系统有哪些功能?

5.体育赛事管理系统由哪些部分组成?

6.请简述体育赛事管理系统的设计流程。

第九章 办公自动化系统

办公自动化(Office Automation,OA)系统,是发达国家为解决单位办公业务急剧增长的问题,而开发的一种综合技术。这种技术是将计算机、网络和现代化办公手段有机结合起来的一种新型的办公方式,是当前最具生命力的技术领域,也是现代人类社会进步的主要标志之一。办公自动化系统是指运用先进的技术,结合高度发达的办公设备,自动化地处理各种各样的办公信息,即将一个机构的所有办公用的计算机和所有办公设备进行连接,使机构成员可在不同时间和不同地点办公,从而使各种信息得到充分利用,大大提高办事效率和质量。

第一节 办公自动化系统概述

一、办公自动化系统的特点

办公自动化系统(OA)具有如下特点:①面向非结构化的管理问题;②工作对象主要是事务处理类型的办公业务;③强调即席的工作方式;④设备驱动。

OA 的设计思想就是以自动化设备为主要处理手段,依靠先进技术的支持,为用户创造一个良好的自动化办公环境,以提高工作人员的办事效率和信息处理能力。

二、办公业务的分类和形式

办公业务的分类主要指办公室业务、办公人员、办公室信息形式的分类等。

（1）按业务流程的确定程度，办公业务可分为以下三类。

确定型：事物数据处理是确定的，易于计算机程序化的实现。

非确定型：事务处理过程有较多的不确定性，程序化方法不易实现。

混合型：介于上面两者之间，部分处理过程是确定的，另外部分处理过程是不确定。

OA 主要是面对非确定型办公业务的处理，其他两类业务也可以满足。

（2）按业务性质，办公业务部门可以分为以下两类：①以程序化信息处理为主要职能的办公室，如企业的计划科、财务科、信息中心等。②以非程序化信息处理为主要职能的办公室，如企业的领导办公室、行政科、秘书处等。

前者的职能可通过一般的事务处理系统实现，后者的职能主要依靠 OA来实现。

办公业务有许多具体的形式，如收发、立案、调查、统计、审批、认可、询问等，以及部门间的通知联络业务、委托要求业务、谈判调整业务、会议讨论、咨询服务业务等。

对具体的办公业务进行分类整理，可划分为四种典型的方式：①数据处理和文字处理，如文件生成、信息检索、计算、存储等；②传递功能，如电话、会议、会谈、文件等的信息分发或传递等；③实时管理，如确定安排会议或会谈的时间、程序、地点等；④判断决策，如文件的报审、批准，问题的讨论、确定等。

三、办公自动化系统的模型

在总结办公业务的基础之上，Neuman 于 1980 年提出了五类 OA 的系统模型。

（1）信息流模型（Information Flow Model），描述了办公信息在各单位办公室内和办公室之间的相互传递和处理的情况。

（2）过程模型（Procedural Model），描述了为完成特定的任务，办公工作的具体执行过程和步骤。

（3）数据库模型（Database Model），描述了与办公业务相关的信息结构、数据库结构以及它们的存储和访问方式等。

（4）决策模型（Decision - Making Model），将办公信息处理过程中的结构化部分交由计算机处理,并根据已有的特定决策模型做出相应决策。

(5)行为模型(Behavioral Model),办公信息的处理是在人的社会活动中发生并完成的。

OA 的发展现在已经进入成熟期,这体现在 OA 的设备不断更新和 OA 软件的层出不穷。近年来美国的 OA 产品以每年 20%的速度增长,其中硬件的发展费用约 1200 亿美元,软件费用约 2000 亿美元。至今,美国 70%的信息产业已实现了办公自动化。我国在 OA 方面的发展起步较晚,在这方面还有一段较长的路要走。

第二节　办公自动化系统的功能与技术

1.OA 的支撑技术

办公自动化的支撑技术有:计算机技术、通信技术、自动化技术。从物化的角度看就是 OA 的硬件和软件。

OA 的硬件系统包括计算机、计算机网络、通信线路和终端设备。其中计算机是 OA 的主要设备,因为人员的业务操作都依赖于计算机。计算机网络和通信设备是企业内部信息共享、交流、传递的媒介,它使得系统连接成为一个整体。终端设备专门负责信息采集和发送,承担了系统与外界联系的任务,如打字机、显示器、绘图仪等。OA 的软件包括系统支撑软件、OA 通用软件和 OA 专用软件。其中系统支撑软件是维护计算机运行和管理计算机资源的软件,如 Win95、Win98、Unix 等。OA 通用软件是指可以商品化大众化的办公应用软件,如 Word、Excel 等。OA 专用软件是指面向特定单位、部门,有针对性地开发的办公应用软件,如事业机关的文件处理、会议安排,公司企业的财务报表、市场分析等。

2.OA 的功能

为满足办公业务处理的需要,OA 具有以下的功能:完善文字处理功能、较强的数据处理功能、语音处理功能、图像处理功能、通信功能等。

第三节　办公自动化系统研究的意义

随着科学技术的进步,各行各业的信息化进程不断加快,在日常工作中,人们通过计算机处理各种业务,收集各种数据,汇总各种信息。目前,OA 办公系统已在企业、高校和政府部门被普遍应用,开发 OA 办公系统已成为越来越多的企事业单位的急切需求。实施办公自动化系统可帮助企事业单位实现信息资源的共享;增强员工协同工作的能力;强化领导的监督管理;实现有关行政事务的自动化处理,从而促进管理电子化、自动化、规范化。具体来说,办公自动化系统实施的意义主要如下。

(1)实施办公自动化系统,有利于建立通信平台和信息发布平台。OA 系统可以建立企事业单位的通信平台和信息发布平台,从而规范信息传递流程,加快内部信息的流转速度,不断提高办事效率;还可以有效传递内部规章制度、技术信息、通知、会议安排等信息,使职工及时了解企业的发展情况。

(2)实施办公自动化系统,有利于实现工作流程自动化。OA 系统可以使公文管理、档案管理、会议通知等均采用电子化流转方式。这样就不用拿着文件、审批单据在部门之间跑来跑去,等候审批、签字、盖章,而是通过网络协调各部门之间的工作,减少工作中的复杂环节,提高办公效率。

(3)实施办公自动化系统,有利于实现分布式办公。OA 系统可以通过网络使工作人员在家中、汽车上、火车上、宾馆内,甚至世界各个角落随时办公,从而有利于改变传统的集中办公模式,扩大了办公区域,节约了办事时间,大大方便了员工出差在外的办公与信息交流,从而提高了办公效率。

(4)实施办公自动化系统,有利于节省企业的办公费用支出。OA 系统可实现无纸化办公,即将传统的纸张填写过程电子化,一些公文的办理,相关事务的审批都通过网络进行操作,从而节省办公经费,尤其大大节省电话费、复印费、打印费和办公用纸的费用,真正能够实现管理现代化。

(5)实施办公自动化系统,有利于增强领导的监控能力。OA 系统通过网络可强化领导的监控管理,提高了领导对组织的控制力,使领导及时有效监控各部门、各个员工的工作进度情况,实时、全面掌控各部门的工作办理情况,及时发现并解决问题,从而减少差错、防止低效办公。

(6)实施办公自动化系统,有利于搭建知识管理平台。OA 系统可系统地利用企事业单位的信息资源,提高企事业单位内部的创新能力,增强员工的快速反应能力,提升工作人员的能力和素质。

第四节　我国办公自动化系统的发展趋势

我国办公自动化系统的研究和实践,经过了很长一段时间的沉寂,到最近几年才出现迅猛的发展势头,尤其是政府上网工程的开展,似乎在一夜之间,办公自动化系统已经成为政府机关、企事业单位、高等院校、科研院所等单位的必备工具。我们不能否认,计算机网络、多媒体、数据库和自动化技术的深入发展和广泛应用,正在彻底改变人们传统的生活观念和工作观念,从而为以计算机网络为基础、协同工作为目标的办公自动化提供了广阔的发展空间。

20 世纪 80 年代中期,我国办公自动化系统得到了发展。具体来看,我国办公自动化系统的应用和发展经历了三个阶段。

第一阶段,20 世纪 80 年代中期到 90 年代中期,即第一代 OA 系统,以个人电脑、办公套件为主要标志,可以进行电子化的数据统计和文档写作,即将办公信息载体从原始纸介质方式转向比特方式,但没有良好功能的应用系统支持,仍然是以个人办公为主,信息还是比较孤立的。

第二阶段,20 世纪 90 年代中期到 21 世纪初期,即第二代 OA 系统,以互联网技术和协同办公技术为主要特征,可以实现数据处理向信息处理的飞跃。在这个阶段可以使办公流程自动化,即将收发文件从传统的手工方式转向工作流自动化方式,这样使员工协同工作成为可能,大大提高了工作效率。

第三阶段,21 世纪初期至今,即第三代 OA 系统,以"知识管理"为主要特征,可以实现信息处理向知识处理的飞跃。现阶段的办公自动化系统是融信息处理、业务流程和知识管理于一体的应用系统。

随着互联网技术和协同办公技术日趋完善,以网络为中心,以工作流为主要存储和处理对象的 OA 系统,能确实实现工作流程自动化,极大地提高办公效率和办公质量。

目前国内的办公自动化系统进入第三阶段,即协同办公阶段,知识管理也已在多家企业部署,但知识管理的功能未能真正显示,这是因为大家不想贡献自己的知识和技能。这就说明了要实现办公自动化系统的知识管理功能,不是一个简单的问题,而是涉及单位内部管理的深层次问题。就目前我国企事业单位内部管理的现状来看,我国的办公自动化系统尚未全面进入知识管理阶段,即尚未全面进入到第三代 OA 系统,所以未来办公自动化系统的发展就是着重对第三代 OA 系统进行完善和优化,即充分发挥 OA 系统的知识管理功能。

随着计算机网络、数据库和协同办公等核心技术的发展、完善和成熟,随着网络办公系统的升级、换代,实施 OA 系统的企事业单位的资源、信息异地共享和交互将更便利、更有效、更快捷。随着科学技术不断发展和进步,OA 系统的内容也将会不断地充实和完善,即未来的 OA 系统所涉及的内容将更全面、更合理、更完善、更有效。

目前所设计的办公自动化系统都具有个性化、开放性和动态性等特征,这些特征就决定了在办公活动中难免会遇到网络不安全、软件功能不全面等问题。未来的 OA 系统必将着重解决这些问题,并侧重对 OA 系统安全性、可靠性、开放性、高效性方面的研究。

现在,无论是企业、事业单位,还是机关团体,都会有许许多多的文件要处理,复杂的工作流程要安排,各种各样的决定要做出,拥有一套智能化、信息化的办公系统,对办公人员和领导者都是十分必需的,未来的办公自动化系统实施前景将更加广阔。

习题九

1. 办公自动化系统有哪些特点?
2. 请简述办公自动化系统的模型。
3. 请简述办公自动化系统的三个发展阶段。
4. 我国的办公自动化系统的发展趋势是怎样的?

第十章　体育场馆系统机房

第一节　机房的分类

机房是放置弱电系统中所有后端设备的房间,可根据项目的实际情况建设。目前我国关于计算机机房的建设有《电子计算机机房设计规范》(GB 50174 - 1993),但对于其他类型的机房并没有严格的规定和要求。

1. 机房的分类

常见的机房按照用途主要分为以下几种。

(1)计算机机房:主要服务于综合布线系统和局域网系统;机房内的设备主要包括各种类型的服务器、交换机、配线架、UPS 设备和各种线缆;机房建设的要求最高。

(2)通信机房:主要服务于电话系统和宽带接入系统;机房内的设备主要包括程控交换机、配线架、路由器、交换机和各种线缆;多按照电信部门的要求建设和规划。

(3)消防控制中心:主要服务于消防系统;机房内的主要设备包括消防控制主机、电话报警主机和消防紧急广播设备等。

(4)监控中心:要服务于闭路监控电视系统、入侵报警系统和门禁系统;机房内的设备主要包括电视墙、操作台、报警主机、门禁系统服务器和各种线缆等。

(5)安防报警中心:主要服务于大型的入侵报警系统。如专业级的接警中心和应急指挥中心、城市安防报警中心级的应急指挥中心和公安系统的报警中心;机房内的主要设备包括大屏幕显示系统、通信设备、报警接入设备和指挥系统设备等。

(6)弱电系统机房:主要服务于各弱电子系统;典型弱电子系统包括闭路

电视监控系统、一卡通系统、入侵报警系统、楼宇对讲系统、智能家居系统、三表抄送系统、有线电视系统、公共广播系统、大屏幕显示系统、防雷接地系统和楼宇控制系统等；主要设备包括各个子系统的控制设备和各种服务器等。

以上所述几种机房可以单独建设，也可以合并建设。

2.机房的建设

针对不同的场所，机房的建设也各有侧重点。

（1）住宅小区。在小区弱电系统建设中，弱电系统机房通常和物业管理处设在同一栋建筑物内（当然也有例外），计算机系统、消防系统和弱电系统合并建设机房。在机房内的设备主要包括电视墙、操作台、硬盘录像机、矩阵主机、一卡通系统服务器、报警主机、报警管理计算机、三表抄送系统服务器、可视对讲系统管理主机、巡更管理系统服务器、背景音乐控制设备、交换机设备、各类型服务器等。

（2）大厦。在现代化的智能大厦建设中，计算机机房、通信系统和消防系统通常单独建设，而弱电系统机房主要包括闭路监控电视系统、门禁系统、报警系统、楼控系统、公共广播系统、电子巡更系统的后端设备。

（3）工厂。在工厂的弱电系统建设中，通常计算机系统（也称为 IT 系统）、消防系统和安防系统分开建设，属于不同的部门管理，故需要建设多个机房。计算机机房多建设在 IT 部门所在的区域；消防控制室往往设在工厂的内部区域；弱电系统机房（通常是监控中心）建设在门卫室的旁边，便于管理。

（4）企业。小型的企业（办公室的面积在几十平方米到几千平方米）办公室将弱电系统的设备放置于计算机机房内，一般是占用 IT 机房的几个机柜。弱电系统的设备数量较少，监视器可放置于机房、保安值班室或者前台。

（5）大型公共场所。大型公共场所包括机场、地铁、火车站、展览馆和购物广场等，由于建筑面积大、系统多、设备数量大，故机房系统多单独建设，需要设置独立的计算机机房、消防控制中心、监控中心和通信机房。

在弱电系统建设中，很多子系统需要放置在机房中的后端设备仅仅包括计算机服务器和接口设备，如一卡通系统、入侵报警系统、楼宇对讲系统、智能家居系统、三表抄送系统、大屏幕显示系统和楼宇控制系统。而闭路电视监控系统、公共广播系统、综合布线系统、局域网系统和消防系统的后端设备最多，占用机房面积最大，而且不同系统对机房环境的要求也不尽相同，故多单独建设。

闭路电视监控系统需要建设电视墙、操作台、放置硬盘录像机和矩阵控制设备的机柜，这些设备占用的机房面积最大，故很多机房都被称作监控中心，也是这个道理；公共广播系统的后端设备一般占用一个标准机柜或两个标准机柜；综合布线系统和局域网系统是两个紧密联系的系统，通常属于 IT 系统，后端设备多为模块化的设备，可以安装在标准的 19 英寸标准机柜内，需要大量的标准机柜安装配线架、理线架、交换机和服务器，需要占用很大的机房面积，而且对机房环境的要求远远高于其他类型的机房，故多单独建设；消防系统的后端设备主要包括消防控制主机和紧急广播系统，也需要占用很大的机房面积。

基于以上的描述，如果 IT 系统对机房环境的要求非常严格的话，建议单独建设，而其他所有的系统可以共用一个机房；如果 IT 系统对机房环境的要求不那么严格的话，可以和弱电系统共用一个机房。

本书主要探讨的是弱电系统机房，适用于消防控制中心和监控中心。

第二节　机房系统的组成

一、建筑装修工程

1.总体设计

机房的装修工程应该取决于机房的面积和建设的要求，应考虑当地现代装饰潮流，做到经济实用、美观大方、干净整洁。主要内容包括隐蔽孔洞的预留预埋、地面的处理、墙面的装饰、门窗安装及天花吊顶与照明灯具安装等。可根据项目的预算，进行高级装修或简单装修，满足弱电系统的应用要求。

机房设计首先需要保证机房设备安全可靠地运行，主要考虑机房的供配电系统、UPS 不间断电源、防雷和接地等方面；其次要充分满足机房设备对环境的要求，主要考虑机房环境的温湿度、空气的洁净度、防静电和防电磁干扰、机房智能化等方面。因此不但要通过相应的设备对机房环境进行控制，而且要考虑装饰材料对机房环境的影响。针对机房的特点，还要考虑机房环境足够的照度和防眩光处理,以及机房对噪声的要求。

在保证机房设备安全运行和满足机房使用功能的前提下,将美学艺术有机地融入其中,加之合理地运用装饰材料对机房空间进行美化,并对其重点部位细致刻画和创新,既能体现机房的装饰特点,又能营造良好的机房办公氛围,旨在重点突出机房装饰的高科技形象,体现机房设计的人性化特点。

2. 平面功能布局

依据空间划分合理、流线明确的原则,设计机房区域按其使用功能和各功能之间的相互关系,将整个区域有机地划分为机房设备区、控制区和配电区。如果条件允许,每个区域可形成独立的空间;条件不允许则可以统一建设,以节省空间。

3. 一般规定

机房的装修工程应参考以下原则进行设计和施工。

(1)机房的室内装修工程施工验收主要包括预留预埋、吊顶、隔断墙、门窗、墙壁装修、地面、活动地板的施工验收及其他室内作业。

(2)室内装修应符合《装饰工程施工及验收规范》《地面及楼面工程施工及验收规范》《木结构工程施工及验收规范》《钢结构工程施工及验收规范》的有关规定。

(3)在施工时保证现场、材料和设备的清洁。隐蔽工程(如地板下、吊顶上、假墙、夹层内)在封口前先作除尘、清洁处理,暗处表层应能保持长期不起尘、不起皮和不龟裂。

(4)机房所有管线穿墙处的裁口做防尘处理,然后必须用密封材料将缝隙填堵。在裱糊、粘接贴面及进行其他涂覆施工时,其环境条件应符合材料说明书的规定。

(5)装修材料选择无毒、无刺激性的材料,选择难燃、阻燃材料,否则尽可能涂防火涂料。

4. 地面的处理

地面的处理应参考以下原则进行设计和施工。

(1)机房主设备间、工作区的地面均铺设全钢抗静电活动地板,其他非工作区可铺设普通活动地板。

（2）计算机房用活动地板符合《计算机房用活动地板技术条件》（GB 6650 –1986）。

（3）活动地板的理想高度为 46～61cm，根据项目的实际情况，设计高度可灵活调整，原则上不小于 30cm，采用防蚀金属支架支撑。

（4）活动地板的铺设在机房内各类装修施工及固定设施安装完成并对地面清洁处理后进行。

（5）建筑地面符合设计要求，清洁、干燥，活动地板空间作为静压箱时，四壁及地面均要作防尘处理，保证不起皮和不龟裂。

（6）现场切割的地板，周边应光滑、无毛刺，并按原产品的技术要求作相应处理。

（7）活动地板铺设前，应按标高及地板布置严格放线，将支撑部件调整至设计高度，平整、牢固。

（8）在活动地板上搬运、安装设备时，对地板表面要采取防护措施。铺设完成后，做好防静电接地。抗静电活动地板的金属部分必须与接地等电位网可靠连接。

（9）地板下空间铺设线槽路由，供布放电缆线和网络信号线用。

5.墙面的装饰

墙面的装饰可以参考普通的室内装修工程进行，在一些有特别要求的场所可以采用彩钢板进行装饰。在有的项目中可能需要墙面送风，则可以采用专业的通风装饰材料。彩钢板是机房墙面装饰工程中的常用材料，具有很好的防静电和防干扰作用。

6.天花棚顶

从机房的防静电和防电磁干扰方面考虑，天花宜采用方形微孔铝板吊顶。天花棚顶工程应参考以下原则进行设计和施工。

（1）计算机机房吊顶板表面做到平整，不得起尘、变色和腐蚀；其边缘整齐、无翘曲，封边处理后不得脱肢。填充顶棚的保温、隔音材料应平整、干燥，并做包缝处理。

（2）按设计及安装位置严格放线。吊顶及马道应坚固、平直，并有可靠的防锈涂料。金属连接件、铆固件除锈后，应涂两遍防锈漆。

（3）吊顶上的灯具、各种风口、火灾探测器底座及灭火喷嘴等定准位置，整齐划一，并与龙骨和吊顶紧密配合安装，布局合理美观，干净整洁。

（4）吊顶内空调作为静压箱时，其内表面应按设计要求做防尘处理，不得起皮和龟裂。

（5）固定式吊顶的顶板与龙骨垂直安装，双层顶板的接缝不落在同一根龙骨上。

（6）用自攻螺钉固定吊顶板，不损坏板面，当设计未作明确规定时应符合五类要求。

（7）螺钉间距：沿板周边间距150～200mm，中间间距200～300mm，均匀布置。

（8）螺钉距板边10～15mm，钉眼、接缝和阴阳角处根据顶板材质用相应的材料嵌平、磨光。

（9）保温吊顶的检修盖板应采用与保温吊顶相同的材料制作。

（10）活动式顶板的安装必须牢固，下表面平整，接缝紧密平直，靠墙、柱处按实际尺寸裁板镶补。根据顶板材质作相应的封边处理。

（11）安装过程中随时擦拭顶板表面，并及时清除顶板内的余料和杂物，做到上不留余物，下不留污迹。

（12）采用微孔贴膜及棚板，通常采用的规格尺寸为600mm×600mm，孔径为2.8mm，与棚板配套。天花上方空间能够安装各类电缆线槽路由。

7.门窗

门窗的数量根据项目的需要进行设计和安装，应参考以下原则进行。

（1）采用铝合金门窗。

（2）铝合金门框、窗框、隔断墙的规格型号符合设计要求，安装牢固、平整，其间隙用非腐蚀性材料密封。隔断墙沿墙立柱固定点间距不大于800mm。

（3）门扇、窗扇平整、接缝严密、安装牢固、开闭自如、推拉灵活。

（4）施工过程中对铝合金门窗及隔断墙的装饰面采取保护措施。

（5）安装玻璃的槽口清洁，下槽口应补垫软性材料。玻璃与扣条之间按设计填塞弹性密封材料，牢固严密。

（6）主要出入口应安装门禁系统，双向刷卡，尤其对计算机机房要加强出入管理。

8.隔断墙

如机房内需要独立分区,需要建设隔断墙,应参考以下原则进行设计和施工。

(1)无框玻璃隔断,应采用槽钢、全钢结构框架。墙面玻璃厚度不小于10mm,门玻璃厚度不小于12mm。表面不锈钢厚度应保证压延成型后平如镜面,无不平的视觉效果。

(2)石膏板、吸音板等隔断墙的沿地、沿顶及沿墙龙骨建筑围护结构内表面之间应衬垫弹性密封材料后固定。当设计无明确规定时,固定点间距不宜大于800mm。

(3)竖龙骨准确定位并校正垂直后与沿地、沿顶龙骨可靠固定。

(4)有耐火极限要求的隔断墙竖龙骨的长度应比隔断墙的实际高度短30mm,上、下分别形成15mm膨胀缝,其间用难燃弹性材料填实。全钢防火大玻璃隔断,钢管架刷防火漆,玻璃厚度不小于12mm,无气泡。

(5)安装隔断墙板时,板边与建筑墙面间隙应采用嵌缝材料可靠密封。

(6)当设计无明确规定时,用自攻螺钉固定墙板宜符合:螺钉间距沿板周边间距不大于200mm,板中部间距不大于300mm,均匀布置。

(7)有耐火极限要求的隔断墙板应与竖龙骨平等铺设,不得与沿地、沿顶龙骨固定。

(8)隔断墙两面墙板接缝不得在同一根龙骨上,每面的双层墙板接缝亦不得在同一根龙骨上。

(9)安装在隔断墙上的设备和电气装置固定在龙骨上,墙板不得受力。

(10)隔断墙上需安装门窗时,门框、窗框应固定在龙骨上,并按设计要求对其缝隙进行密封。

二、电气工程

如果说机房的装饰是人的面貌,那么机房的电气系统就是心脏,只有安全可靠的供配电系统,才能保证机房中的设备安全可靠运行。现在的计算机和数据传输设备的时钟信号都是纳秒(ns)级的,它们要求电源的切换时间为零秒。计算机处理的数据和传输的数据是弱电信号,电流为毫安(mA)级,电压为 5V 以下,可以说"弱不禁风",因此计算机必须有良好的接地系统、防静电措施、防电磁干扰措施、防过电压及防浪涌电压措施。

1. 配电系统

机房的用电负荷等级和供电需满足《供配电系统设计规范》(GB50052 - 1995)规定,其供配电系统采用电压等级 220V/380V、频率 50Hz 的 TN - S 或 TN - CS 系统,主机电源系统按设备的要求确定。机房供配电系统应充分考虑系统扩展、升级的可能,并预留备用容量。

(1)配电系统应参考以下原则进行设计和施工。

a. 市电配电柜:为提高计算机设备的供配电系统可靠性,由总配电房引来的双路电源专供机房的计算机辅助设备及其配套的配电箱,加空调、照明、维修插座、辅助插座等。

b. UPS 配电柜:不间断电源配电柜专供机房的设备及其配套的配电设备,如服务器、主机、终端、监视器、硬盘录像机等设备。

c. 电源系统:应限制接入非线性负荷,以保持电源的正弦性。

d. 专用配电箱:设置电流、电压表以监测三相不平衡度,单相负荷应均匀地分配在三相上,三相负荷不平衡度应小于 15%;保护和控制电器的选型应满足规范和设备的要求;应有充足的备用回路;进线断路器应设置分离脱扣器,以保证紧急情况下切断所有用电设备电源;应设置足够的中线和接地端子。

(2)机房供配电配线要求如下。

a. 机房的电源进线应按照《建筑物防雷设计规范》(GB 50057 - 1994)采取过电压保护措施,专用配电箱电源应采用电缆进线。

b. 机房活动地板下的低压配电线路采用铜芯屏蔽导线或铜芯屏蔽电缆;机房活动地板下部的电源线应采取相应的屏蔽措施;计算机负载配电线路按国家标准设计并留有余量。

c. 电源插座直接安装到机柜,便于弱电设备使用。线缆由 UPS 输出分配电柜经铝合金电缆桥架从活动地板下引到机房各处,每两个插座由同一个开关控制和供电。

d. 机房内部所有配线及电缆桥架按服务器机柜的需要平均分布于整个机房。另在抗静电地板下敷设部分防水防尘插座、部分预留插座。

e.室内导线全部采用新型阻燃导线组,天花吊顶灯盘的电源线主干线和分支线都采用 $3\times2.5mm^2$ 导线组,分支线采用 $3\times1.5mm^2$ 导线组,导线组穿金属电线管和金属电线软管安装在天花吊顶上,沿较近距离到灯盘位。照明开关和维修插座进线采用 $3\times2.5mm^2$ 或 $3\times4mm^2$ 导线组,穿镀辞钢管暗敷在墙内到该位处。为防止漏电危及人身安全和防电磁干扰,所有金属电线管、电线保护槽必须全部连成一体并可靠接地。

2.电气安全措施

(1)人员设备用电的安全措施如下:

a.机房工程应采用多项保证人身安全和设备安全的技术措施。

b.采用事故断电措施。进户端装设具有过载、短路保护的、高灵敏度的断路器。一旦出现消防事故报警,能够通过报警装置提供的信号,将市电配电系统的交流进线断路器断开、切断市电电源,确保事故范围不再扩大,确保人身和设备安全。

c.采用 UPS 电源设备及相应的蓄电池设备,提高计算机设备用电的安全与可靠性,采用提高安全系数的通行设计原则(即"大马拉小车"原则):在选用线路和器件时,控制器件和线路的工作温升低于器件和线路额定温升的 75%;器件和线路的工作负荷,控制在器件和线路的额定负荷 75%~50% 以下。这种设计原则大大提高了系统的可靠系数,也大大提高了系统的使用寿命,虽然初始投资略有增加,但从整体来看可提高经济效益。因为不按此设计,一旦发生事故,一次事故的经济损失要比初始投资大十几倍,甚至几百倍。

d.所有的墙壁插座均按规范要求选用漏电保护断路器控制,某一个墙壁插座漏电时,在 30mA 内就能切断线路,确保人身安全。

e.所有的机壳都进行接地保护,所有的插座均有接地保护。

(2)供电安全措施如下:

a.计算机机房网络交换机或计算机,其心脏器件的时钟信号都是纳秒(ns)级,要求供电切换时间为零秒,建议采用 UPS 不间断电源系统进行供电。

b.UPS 容量的选用必须能够满足机房设备的用电需要,并预留一定的余量。

3.电源分类

机房系统的用电分为以下几类,可根据项目的实际情况建设。

一类电源,为 UPS 供电电源,由电源互投柜引至墙面配电箱,分路送到活动地板插座,再经插座分接计算机电源处。电缆用阻燃电缆穿金属线梢钢管敷设。

二类电源,为市电供电电源,由电源互投柜分别送至空调、照明配电箱和插座配电箱,再分路送至灯具及墙面插座电缆用阻燃电缆,照明支路用塑铜线,穿金属线槽及钢管敷设。

三类电源,为柴油发电机组,作为特别重要负荷的应急电源,应满足的运行方式为:正常情况下,柴油发电机组应始终处于准备发动状态;当两路市电均中断时,机组应立即启动,并具备带 100% 负荷的能力;任一市电恢复时,机组应能自动退出运行并延时停机,恢复市电供电。机组与电力系统间应有防止并列运行的联锁装置;柴油发电机组的容量应按照用电负荷的分类来确定,因为有的负荷需要很大的启动功率,如空调电动机,这就需要合理选择发电机组容量,以避免过大的启动电压降,一般根据上述用电负荷总功率的2.5倍来计算。柴油发电机组在重要性要求比较高的机房系统使用。

4.配电柜

配电柜的选择和施工应参照以下原则:

(1)配电箱、柜应有短路、过电流保护装置,其紧急断电按钮与火灾报警联锁。

(2)配电箱、柜安装完毕后,进行编号,并标明箱、柜内各开关的用途,以便于操作和检修。

(3)配电箱、柜内留有备用电路,作为机房设备扩充时用电。

(4)距地板 0.5m 高处照度不得低于 300lx。

(5)照明灯具采用后入式安装。事故照明用备用电源自投自复配电箱,市电与 UPS 电源自动切换。

(6)灯具内部配线采用多股铜芯导线,灯具的软线两端接入灯口之前均压扁并搪锡,使软线与固定螺钉接触良好。灯具的接地线或接零线,用灯具专用接地螺钉并加垫圈和弹簧垫圈压紧。

(7)在机房内安装嵌装灯具固定在吊顶板预留洞孔内专设的框架上。灯上边框外缘紧贴在吊顶板上,并与吊顶金属明龙骨平行。

(8)在机房内所有照明线都穿钢管或者金属软管并留有余量,电源线应通过绝缘垫圈进入灯具,不贴近灯具外壳。

三、空调工程

根据《计算站场地技术条件》(GB 2887－1982)要求,按 A 级设计,温度 $23\pm2℃$,相对湿度 $55\%\pm5\%$,夏季取上限,冬季取下限。一般采用空调机即可满足弱电机房的要求,对于有特别要求的机房需要采用机房精密空调系统。

气流组织采用下送风、上回风,即抗静电活动地板静压箱送风,吊顶天花微孔板回风。新风量设计取总风量的 10%,中低度过滤,新风与回风混合后,进入空调设备处理,提高控制精度,节省投资,方便管理。

四、防雷系统

防雷系统主要分为防雷工程和接地工程。

1.防雷及防过电压系统

机房的供电为 TN－S 系统(三相五线制),总进线为埋地引入总配电室,中心机房的配电由总配电室引入。根据有关标准中防雷系统要求,应将大厦需要保护的空间划为不同的防雷区,以确定各部分空间不同的雷闪电磁脉冲的严重程度和相应的防护措施。依据防雷设计原理,大厦的防雷保护分为三级。

电源防雷及过电压一级保护,在总配电的总电源输入并联一组防雷器,作为总电源的一级防雷及过电压保护。

电源防雷及过电压二级保护,在每一个楼层配电柜或中心机房主配电柜的总进线开关并联一组防雷器,作为电源的二级防雷及过电压保护。

电源防雷及过电压三级保护,在中心机房的 UPS 输出(入)母线上或在主要计算机负荷上并联一组防雷器,作为电源的三级防雷及过电压保护。

根据以上情况,结合弱电系统机房的要求,防雷及过电压保护采用二级保护方式,即在 UPS 输入母线上加装一组并联防雷器,完成对 UPS 设备及

UPS 负荷的保护。

2. 接地系统

依据国家标准《电气装置安装工程接地装置施工及验收规范》(GB 50169－1992),计算机直流地与机房抗静电接地及保护地严格分开,以免相互干扰;采用 T50×0.35 铜网,所有接点采用锡焊或铜焊使其接触良好,以保证各计算机设备的稳定运行并要求其接地电阻小于 1Ω。机房抗静电接地与保护地采用软扁平编织铜线直接敷设到每个房间让地板就近接地,使地板产生的静电电荷迅速入地。

机房接地应采取安全保护接地措施,具备一个稳定的基准地位。可采用较大截面的绝缘铜芯线作为引线,一端直接与基准电位连接,另一端供电子设备直流接地。该引线不宜与 PE 线连接,严禁与 N 线连接。系统设备采用联合接地系统,接地电阻不大于 1Ω。

五、消防系统

消防系统应该在弱电机房系统的建设中予以充分考虑。按照国家标准《高层民用建筑设计防火规范》(GB 50045－1995)和《火灾自动报警系统设计规范》(GB 50016－1998):消防控制中心包括智能火灾报警控制主机,用于集中报警及控制;消防控制中心外围报警及控制包括光电感烟探测器、感温探测器、组合控制器和气瓶等。除了消防报警系统之外,还要考虑灭火系统,不能采用水喷淋灭火系统,而应该采取气体灭火系统或者泡沫灭火系统。

六、安防系统

弱电机房是弱电系统的中枢和大脑,具有重要的地位,需要充分的安全措施。常见的安全措施如下。

(1)加装门禁系统。机房的主出入口和重要区域的出入口应设置双向读卡系统,重要场所还应设置指纹读卡器,记录所有的人员进出,应限制非相关人员随意出入。

(2)加装摄像机。在机房中安装摄像机的益处是除了门禁系统的进出记录之外,可以建设视频的记录,以查看所有相关人员的活动情况,对机房设备的安全有着重要的保护意义。

七、配线系统

弱电机房是所有弱电系统接入的终点，需要铺设大量的线缆，如视频线、控制线、信号线、光缆、超五类双绞线、电话线、电源线，而且线缆的数量成百上千，故需要做好机房的配线系统。

机房配线系统参照综合布线系统和机房的要求进行，应遵循以下原则。

（1）电缆（电线）在铺设时应该平直，电缆（电线）要与地面、墙壁、天花板保持一定的间隙。

（2）不同规格的电缆（电线）在铺设时要有不同的固定距离间隔。

（3）电缆（电线）在铺设施工中弯曲半径按厂家和当地供电部门的标准施工。

（4）铺设电缆时要留有适当的余度，强弱电线缆分槽铺设，并间隔一定距离。

（5）弱电线槽和强电线槽适合安装在地板下方或天花板吊顶内，但要保证线槽有足够的容量铺设线缆并有一定余量。

（6）线缆应穿镀锌钢管或镀锌线槽铺设，镀锌钢管和镀锌线槽应做等电位连接和接地处理。

第三节　机房环境规范

1.机房位置

机房位置选择应符合下列要求。

（1）水源充足，电压比较稳定可靠，交通通信方便，自然环境清洁。

（2）远离产生粉尘、油烟、有害气体以及生产或贮存具有腐蚀性、易燃、易爆物品的工厂、仓库、堆场等。

（3）远离强振源和强噪声源。

（4）避开强电磁场干扰。

一般按照工厂的规划在主出入口有比较大面积的保安室、接待室，故可利用其中的一部分面积作为弱电机房，如果条件允许，可以把机房建设得更宽敞一些。

2.机房环境

温湿度和灰尘含量应满足以下要求。

(1)室内温度:(10～26)℃±2℃。

(2)相对湿度:(40%～70%)±10%。

(3)主机房内灰尘含量不大于 $50\mu g/m^3$。

(4)灰尘颗粒直径不大于 $10\mu m$。

习题十

1.我国目前的计算机机房有哪些类别?

2.计算机机房系统由哪些部分组成?

3.请简述计算机机房配电系统设计应注意的事项。

4.请简述机房防雷系统的各部分组成。

5.计算机机房对环境有哪些要求?

参考文献

蔡龙根.构建智能大厦[M].上海:上海交通大学出版社,1998.

李界家.智能建筑办公网络与通信技术[M].北京:清华大学出版社,北方交通大学出版社,2004.

梁华.建筑弱电工程设计手册[M].北京:中国建筑工业出版社,1998.

刘国林.综合布线系统工程设计[M].北京:电子工业出版社,1998.

秦北海,周鑫华.智能楼宇技术设计与施工[M].北京:清华大学出版社,2003.

曲丽萍,王修岩.楼宇自动化系统[M].北京:中国电力出版社,2004.

王德炜.体育场地设施[M].北京:高等教育出版社,1998.

温伯银.智能建筑设计技术[M].上海:同济大学出版社,1996.

谢秉正.建筑智能化系统监理手册[M].南京:江苏科学技术出版社,2003.

谢秉正.建筑智能化系统使用与维修手册[M].南京:江苏科学技术出版社,2005.

谢秉正.绿色智能建筑工程技术[M].南京:东南大学出版社,2007.

杨志,邓仁明,周齐国.建筑智能化系统及工程应用[M].北京:化学工业出版社,2002.

易国庆.体育场馆的经营与管理[M].北京:中国电力出版社,2009.

张青虎,岳子平.智能建筑工程检测技术[M].北京:中国建筑工业出版社,2005.

张瑞武.智能建筑的系统集成及工程实施[M].北京:清华大学出版社,2000.

张少军.通信与计算机网络技术[M].北京:机械工业出版社,2003.

张振昭,许锦标.楼宇智能化技术[M].北京:机械工业出版社,2003.

赵坚勇.电视原理与系统[M].西安:西安电子科学技术大学出版社,2004.

赵乱成.智能建筑设备自动化技术[M].西安:西安电子科技大学出版社,2002.

周遐.安防系统工程[M].北京:机械工业出版社,2003.